家事好輕鬆

超強圖解 一看就會

收納｜採買｜烹飪｜打掃的 最新終極技巧

本多弘美 —— 著

陳心慧 —— 譯

CONTENTS

Part 1 什麼是輕鬆家事收納術？

- 自序・如何使用本書 … 4
- 什麼是輕鬆家事收納術？
  家事輕鬆與否，取決於收納 … 6
- 輕鬆家事的基礎
  輕鬆做家事的技巧 … 8
- 各類型人的「輕鬆家事收納術」實踐重點
  你屬於哪一種類型？ … 10
- 不知道如何分類…分類關鍵字 … 12

Part 2 衣―洗衣

- 洗衣服
  洗衣前的分類是關鍵！ … 14
- 取出
  大件衣物→小件衣物的順序統一取出 … 16
- 曬衣服①
  先在洗臉台前做好曬衣準備 … 17
- 曬衣服②
  多種曬衣方式 … 18
- 收衣服
  先分類再收 … 19
- 摺衣服・放衣服
  讓家事更輕鬆的摺衣法 … 20
- 換季
  衣服分門別類收納 … 22
- 熨衣服
  麻煩的工作也可以這麼輕鬆 … 24
- 洗衣機附近的輕鬆家事收納術
  收納時考慮使用方便 … 26
- 衣物收納的煩惱諮詢室 … 28

Part 3 食―採買

- 採買前的準備
  首先準備購物清單 … 30
- 採買去
  提高採買效率的超市賣場購物動線 … 32
- 購物車的使用方法
  購物袋的裝袋方法 … 34
- 買回來的東西分類好再收納！
  重點在於將東西分類好再收納
  冷藏室 36・蔬果室 37・冷凍庫 38・儲藏室 39
- 消費量的管理
  掌握消費量是很重要的事！ … 40

Part 4 食―烹飪

- 菜單
  用完食材不浪費的方法 … 42
- 烹飪
  輕鬆烹飪法 … 44
- 廚房用具
  善用廚房用具節省做家事的時間！ … 46
- 計量＆調味料
  在計量和調味料上下功夫，讓家事更輕鬆！ … 47
- 冷凍調理食品
  掌握調理食品的冷凍技巧，讓家事更輕鬆！ … 48
- 油炸物
  只要換個角度想，油炸物也可以這麼輕鬆！ … 50
- 碗盤
  重新檢視收拾和清洗碗盤的方式，讓家事更輕鬆！ … 52
- 垃圾
  簡單處理垃圾的方法 … 54

Part 5 住—打掃

- 冰箱
  重點在於根據使用頻率劃分冰箱區域！ …… 56
- 廚房收納
  只要花點功夫，廚房馬上變得整齊又好用！ …… 58
- 櫥櫃
  餐具收納更輕鬆！ …… 60
- 打掃方式
  實踐！打掃客廳 …… 62
- 打掃地板
  重新檢視吸塵器的使用方式，讓家事更輕鬆！ …… 64
- 廁所
  有效率收納，打造容易清掃的衛生環境 …… 66
- 洗臉台
  收納時做好分類，方便取用 …… 67
- 浴室
  在髒污落地生垢前清掃乾淨！ …… 68
- 面對突然來訪的客人
  決定打掃的優先順序就不用擔心 …… 70

Part 6 住—收拾與整理

- 金錢相關文件
  根據用途分類，方便拿取 …… 74
- 醫療相關文件
  平常好好整理，突然要用時也不用擔心 …… 75
- 日常生活相關文件
  利用文件抽屜櫃輕鬆整理 …… 76
- 整理電腦周邊
  經過分類，所有東西一目瞭然 …… 77
- 整理照片
  數位照片和紙本照片統一管理 …… 78

Part 7 現場直擊收納問題

- 整理玩具
  方便孩子整理的收納方式 …… 79
- 整理錢包
  決定好擺放位置，聰明收納 …… 80
- 整理手提包
  包包裡的東西分類，方便拿取 …… 82
- 報紙和雜誌
  決定一個固定位置來收納 …… 83
- 文具和郵件
  依照尺寸分類收納 …… 84
- 垃圾
  善用垃圾桶，輕鬆做好垃圾分類 …… 85
- 「輕鬆家事收納術」解決大家收納上的煩惱！ …… 86
- 煩惱1 家人相聚的客廳，東西越堆越多…… …… 86
- 煩惱2 我家玄關亂七八糟，有沒有解決辦法？ …… 87
- 煩惱3 小朋友的東西不斷增加，到底該怎麼整理才好？ …… 88
- 煩惱4 喜歡的DVD、CD和書越來越多，都沒有地方放了 …… 89
- 煩惱5 衣櫃一下子就亂七八糟，有沒有什麼好用的收納法呢？ …… 90
- 煩惱6 棉被、寢具等每天都要收到櫃子裡，有沒有方便拿取又有效率的收納方式？ …… 91

Part 8 方便好用的工具

- 了解每個工具的特色，配合使用目的選擇最適合的工具 …… 92

〔自序〕

我是非常怕麻煩的人。一般人覺得不麻煩的事，我都會去思考有沒有什麼方法可以讓這些事情更輕鬆。

「想用的時候馬上可以用」、「減少不必要的動作」是收納的兩大重點。只要遵守這兩大原則，有一天你也會發現每天的家事好像變得更輕鬆了。

做家事的時候一定會用到各種工具。選擇好用的工具，也是「讓家事更輕鬆」的關鍵之一。只要善用這些工具，也許也會發現新的家事法。

本書介紹許多「新家事技巧」和「輕鬆家事收納術」。希望各位讀者可以把本書放在身邊，只要打開本書，你的家事可以更輕鬆，心情也更愉悅。

家事・收納達人　本多弘美

如何使用本書

每當你覺得「啊～家事好煩喔」的時候，請打開這本書。

掌握什麼東西放在哪裡是很重要的事。貼上標籤就是收納的技巧之一。

書中介紹利用標籤當索引的技巧，如此一來，什麼東西放在什麼地方即可一目瞭然。

根據「衣」、「食」、「住」分類，遵循洗衣→採買→烹飪→打掃→收拾的順序，提高每天家事的效率。

本書將家事的技巧和收納的技巧分開，提倡讓家事更輕鬆的「統一處理家事法」，並標明統一處理的記號。請大家一定要養成同樣的動作一次做完的好習慣。

從容易做到的部分讀起

想改變現有的收納方式，但又不知如何下手，你是否也有這樣的煩惱？首先了解自己「最想改變」的部分，是改變的第一步。你可以先翻翻本書，先從自己容易做到的部分下手。就算是很小的部分，只要徹底實踐，也可以帶來不同凡響的效果。

大略看過一次

本書用了很多記號，就算不仔細研讀，也可以掌握重點。如果你屬於「想做些改變，但又不知如何下手」的人，建議你可以先把本書大略翻過一遍，再決定自己現在最需要改進的是哪一部分的家事技巧。

就算只看 和 的部分，也可以掌握一些重點技巧。

加上自己的巧思

每個家庭都有各自的家事和收納方式。本書推薦的方式也許有些適合你的家庭，有些實踐起來則有困難。你可以透過本書了解收納的基礎，再配合你家中的狀況，加上自己的巧思，找出最適合的家事法。

從最需要的地方讀起

你是否也覺得「廚房很難用」、「曬衣服好累人」或是「打掃好麻煩」呢？如果你有這樣的煩惱，現在正是改變的時候。首先從最困擾你的部分開始閱讀。

COLUMN 和 POINT 也提供你可以參考的內容，請慢慢閱讀。

Part 1 什麼是輕鬆家事收納術？

你是否也想過「家事輕鬆與否取決於收納」？
家事與收納之間擁有很深的關係。
讓「家事更輕鬆，家中更整潔」的輕鬆家事收納技巧，
你一定要試試。

POINT

- ● ● 輕鬆家事收納技巧
- ● ● 關鍵在於「統一處理家事法」和「家事整合」
- ● ● 就算是小事，也可以從自己做得到的部分開始下手
- ● ● 選擇與自己生活模式相符的技巧

什麼是輕鬆家事收納術？

這不僅是收拾東西的技巧，更是輕鬆搞定家事的收納技術。家事與收納的關係密不可分，因此只要做好收納，家事就可以輕鬆搞定。本書稱這種收納技巧為「輕鬆家事收納術」，將家事按照衣、食、住三大領域來劃分，整理出最有效率的收納術。

收納讓家事更輕鬆

重新檢視收納法，就等於重新檢視做家事的方式。

1 「收納」≠「收拾」 收納的真正目的

一說到「收納」，你是不是會想到「收拾東西」？一般人總以為收納就是：「眼不見為淨。把東西塞到櫃子裡，讓家裡看起來很整齊」。然而，真正的收納是：「幫家中每天不斷增加的各式物品找到適當且固定的位置擺放」。因此，真正的收納不只是「收拾」，如果沒有考慮到「使用」，那就稱不上是真正的收納。

2 「收納」與「家事」的關係斬也斬不斷

做家事會需要用到許多工具和物品，但做家事是日常生活中的一環，因此大部分人做家事時通常不會意識到：「做這件家事會用到這個工具」，或是「這個工具某些時候才會用到，所以先收在這裡」等。正因為家事與人們的習慣密切相關，因此在考慮「使用方便」時，必然會想到如何收納這些做家事時會用到的東西和工具，家事做起來才會更輕鬆。因此，收納與家事之間存在著斬也斬不斷的密切關係。

3 適當的收納可以讓家事更輕鬆

常覺得「實在很不喜歡熨衣服」的人，其實你是不是因為覺得要拿取體積龐大的熨衣台很麻煩，所以才不喜歡熨衣服呢？「從櫃子裡拿出熨衣台，再從別的地方拿出熨斗…」，這些煩人的動作是不是讓你不想熨衣服呢？如果將熨衣服會用到的所有工具都放在同一個地方，那麼熨衣服應該會變得輕鬆才對。覺得做菜很辛苦的問題也許是出在廚房工具的收納。只要配合平常做家事的動線，將會使用到的東西放在隨手可得的地方，那麼家事自然就會變得輕鬆。

4 一併思考「收納」與「家事」

很多人認為收納主要都是針對如何有效利用空間，將東西收拾乾淨，很少會有人把收納和家事放在一起思考。然而，「什麼樣的東西」要「如何處理」也包含在收納的範圍（參見 p.7）。只要選擇方便的工具，放在容易使用的地方，那麼讓人覺得非常頭痛的家事也可以輕鬆完成。本書就是從「輕鬆做家事的觀點」來提供新型態的收納術。

實踐輕鬆家事收納術之前…①

收納的基本：IN・STOCK・OUT 的觀念

理解「東西的流程」，是收納的基礎。

所有東西都可以從「IN・STOCK・OUT」三個階段來思考。所有東西都是「從外面買回來（IN）後經過保存（STOCK），然後消費（OUT）」。講到收納，大部分人都會想到「要用什麼方式保存」，所有焦點都集中在「STOCK」上。但事實上，配合「STOCK」的空間，同時考慮「IN」和「OUT」的平衡來調整保存的總量是很重要的事。想享受舒適的收納生活，「IN・STOCK・OUT」的平衡是必須的要件。

OUT　　STOCK　　IN
使用（消費）處理　收納保存　採買進貨

IN　選擇真正需要的東西
所有帶進家裡的東西都歸類於「IN」，當中也包含贈品或獎品。收納的第一步就是減少「IN」的總量。購買前都請先考慮是否有地方放，以及是否真的需要。另外，贈品和獎品，如果只是因為貪小便宜而帶回家的話，只會增加「IN」的總量。

STOCK　決定東西的固定存放位置
家中所有東西都歸類於「STOCK」。了解家中的總面積和收納面積，確實掌握可以收納的物品總量，選擇最方便使用的地方收納。

只要掌握收納空間的收納量以及東西是否放在容易拿取的地方，就可以知道「STOCK」的大致狀況。如果沒有充分的收納空間，就會破壞「IN・STOCK・OUT」的平衡關係。

OUT　東西太多就丟掉
家中所有消費或處理掉的東西都歸類於「OUT」。如果不適當地「OUT」，「STOCK」只會越來越多，也迫使必須重新審視「IN」的狀況。

對於食品和日常用品等消費周期長的東西，請確認保存量是否超過消費量。至於衣服和書本等，也請定期檢查是否只是存放著，而都沒在用。

輕鬆家事的基礎

輕鬆做家事的技巧

掌握輕鬆做家事的技巧，實踐與自己的生活模式相符的輕鬆家事技術。

輕鬆做家事的重點在於重新審視家事的流程與收納的位置，在不影響家事品質的情況下，讓家事更輕鬆。「偷懶家事法」會影響家事的成效，但「輕鬆家事技巧」不但讓家事做起來更輕鬆，也不會影響家事的成效。只要掌握家事的技巧，繁瑣的家事也可以變得很簡單。

技巧 1　統一處理家事法

重複同樣動作的「統一處理家事法」可以節省做家事的時間。不必多加思考，只要一直重複同樣的動作，如此一來就可以節省不必要的動作，讓家事做起來更順暢。

例如，洗好衣服，先統一摺好毛巾。或是將蔬菜排在砧板上，統一從右切到左等。

技巧 2　家事整合

與「統一處理家事法」非常接近，將原本個別處理的家事整合起來一起處理，就可以減去分開處理所需花費的時間和力氣。

例如，乾貨不是每次要用前才泡開，而是一次就把整包乾貨一起泡開。

技巧 3　建立家事的模式

每天幾乎都在重複做同樣的家事，只要把每樣家事都建立一種固定模式，就可以減輕家事的負擔。「做某某家事的時候，順便做某某事」等，可以將兩樣事情結合，建立一個固定模式。如此一來，同時就可以完成兩樣事情，提高家事的效率。

例如，刷牙的時候就順便把洗臉台刷乾淨；準備早餐的時候，順便連晚餐的料一起準備等。

＊試著回想自己的生活模式，找出兩樣可以同時完成的事情。

COLUMN

將每天要做的家事和自己的行為模式記錄下來，找出適合自己的家事模式。

每天的 家事
- 洗衣服
- 曬衣服
- 摺衣服
- 收衣服
- 烹飪
- 整理餐桌
- 洗碗
- 採買
- 吸塵
- 打掃浴室
- 打掃洗臉台
- 打掃廁所

每天的 行動
- 洗臉
- 刷牙
- 化妝
- 洗澡
- 換衣服
- 看電視
- 看報紙
- 看 mail

實踐輕鬆家事收納術之前…②

收納的基礎：所有東西都擺放在固定位置

只要養成物歸原位的好習慣，東西就不會散亂各地。所有東西都擺放在固定位置是很重要的事。事前的「分類」，可以有助決定東西應該放在哪裡才方便拿取。

決定擺放位置的 3 步驟

STEP 1

物品的處分　「要」、「不要」、「未定」

可以把東西分類成「要」、「不要」、「未定」三類。丟掉「不要」的東西，減少物品的總量。準備專門裝「不要」和「未定」物品的箱子，分類時請在5秒內作出判斷，不要花太久時間考慮。如果當下無法決定，可以先放進「未定」箱子，過陣子再對「未定」部分重新分類。

STEP 2

物品的分類　找出適當分類法

收納的關鍵在於適當的分類。「要」的物品可再根據使用頻率、使用目的和形狀，加以分類。可先分成幾大類，如有需要再進一步細分，特定的分類規則，只要是自己用起來方便，覺得適合的分類法皆OK。只要找到適合自己的分類法，就可以應用在所有物品上。

STEP 3

決定收納位置　收納在使用場所附近

「物品收納在使用場所附近」是不變的原則。決定收納位置時先思考東西的使用場所，將會一起使用的東西放在一起。

另外，決定收納地點時，先思考這個地方的用途為何？例如餐廳，有些家庭的餐廳是單純用餐的地方，有些家庭則同時是小朋友寫功課的地方。根據空間的使用目的，收納的物品和擺放的位置也有所不同。

＊不知如何分類的時候…參見 p.12！

各類型人的「輕鬆家事收納術」實踐重點

心理測驗：你屬於哪一種類型？

家事當然是越輕鬆越好。然而，長久以來的習慣和價值觀會影響家事的輕鬆程度。每個人心中一定都有不能讓步的堅持，如果你不想改變現狀，就算現在的做法比較花時間，也沒必要勉強自己改變。選擇適合自己的家事法才是最重要的。

START!

- 東西不在原位就渾身不自在
  - YES → 每天的家事有一個大概固定的流程
    - YES → ① 合理主義型
    - NO → 喜歡收集東西。有收藏品（或曾經有收藏品）
      - YES → ⑤ 收藏家型
      - NO → 常常在找東西
  - NO → 喜歡特價品。常常一時衝動就買東西
    - YES → 喜歡收集東西。有收藏品（或曾經有收藏品）
    - NO → 常常在找東西
      - YES → ⑥ 不拘小節型
      - NO → 喜歡嘗試新事物
        - NO → ④ 傳統型
        - YES → ③ 冒險家型

- 有自己堅持的家事
  - YES → ② 堅持型
  - NO → 喜歡嘗試新事物

重新審視生活習慣，是輕鬆做家事的第一步

❶ 合理主義型

合理主義型的人希望三兩下就可以做完家事。在忙碌的日常生活中，可以節省時間的輕鬆家事收納術非常適合這類型的人。

這類型人也喜歡加進自己的巧思，建議可以參考本書，找出最適合自己的家事法。收納工具是這類型人的好幫手，可以多嘗試不同的工具，找出適合自己的工具。

❷ 堅持型

「高湯一定要用這種方式熬煮」、「每天不吸塵就覺得渾身不自在」等，這類型人對家事有一定的堅持。家事會受到長久以來的習慣和性格影響，擁有自己的堅持其實是件好事。但這類型的人也應該不是對所有家事都有自己的堅持，建議這類型人可以從願意改變的領域開始嘗試輕鬆家事收納術。

❸ 冒險家型

冒險家型的人很喜歡從電視或雜誌獲取新資訊，也勇於嘗試各種新方法。雖然可以接受各種新資訊，但都不持久。建議可以掌握輕鬆家事收納術的要訣（p.8），耐著性子實踐看看。

❹ 傳統型

傳統型的人每樣家事都追求完美。但你是否現在也在思考「是否該改變現在的做法」？

建議可以從「只要加點巧思就可以更輕鬆」的角度來思考家事的安排和家中的收納，從自己最介意的地方開始實踐看看。

❺ 收藏家型

收藏家型的人很喜歡購物，有收集東西的傾向。這類型人充滿好奇心，對新資訊和流行敏感。被喜歡的東西圍繞雖然是件幸福的事，但還是要仔細想想東西會不會太多？購物前是否先想到收納位置？是否陷入收集的東西太多，家裡亂七八糟的窘境？

建議這類型人先閱讀 p.7 關於「IN・STOCK・OUT」的平衡，之後再研究自己購物的習慣（p.29 起）。

❻ 不拘小節型

不拘小節型的人不擅長將東西物歸原處，東西經常隨手亂放。不拘小節的個性雖然有其魅力，但由於不擅長掌握什麼東西放在什麼地方，因此常常花時間在找東西。其實只要別花這麼多時間和精力在找東西，心理壓力就不會那麼大。因此，這類型人讓家事更輕鬆的第一步，就是規定東西的擺放位置。

請先閱讀 p.9，決定東西擺放位置。一天內要做完全部家事，對這類型人是很大的負擔，因此可以規定自己「今天整理文件資料」（p.74），「明天整理冰箱」（p.56）等，按部就班地整理。

待解決家事確認表 ✓

現在覺得最辛苦的家事是什麼？確認自己現在最想解決的家事為何？

① 想收拾乾淨哪些地方？

- □ 玄關、鞋櫃（p.28、87）
- □ 客廳（p.64/65、p.86）
- □ 餐廳（p.70）
- □ 廚房（p.36~60）
- □ 洗臉台、廁所（p.66~67）
- □ 浴室（p.68）
- □ 小孩房（p.79、p.88）
- □ 衣櫃（p.20~23、p.90）
- □ 洗衣機周邊（p.14~27）

② 哪些是不擅長的家事和造成負擔的家事？

- □ 洗衣服（p.14~21）
- □ 衣服管理（p.20~23）
- □ 採買（p.30~40）
- □ 烹飪（p.42~51）
- □ 飯後收拾（p.52~55）
- □ 熨衣服（p.24~25）
- □ 水槽附近的清潔（p.66~69）
- □ 吸塵（p.62~63）
- □ 文件、金錢的管理（p.74~76）

③ 煩惱家中哪些東西沒有收納位置？

- □ 衣服（p.20~23、90）
- □ 報紙、書、雜誌（p.83、89）
- □ 玩具（p.79、88）
- □ DVD、CD（p.89）
- □ 大衣、圍巾等季節性衣物（p.28）
- □ 信件、DM 等紙類（p.74~76、84）
- □ 鞋子（p.28、87）
- □ 化妝品、保養品（p.67）

11

> 不知如何分類的時候…

分類關鍵字

以下列舉多個關鍵字做為參考，
請找出最適合自己的分類方式。

高度、形狀
同類東西依照圓形、三角形等高度和形狀分類，有效利用收納空間。

品項
餐具可再依照「茶碗」、「湯碗」等品項分類，簡單易懂。

衣食住
家中物品依照衣食住分類。將同類型的東西放在一起。

使用狀況
東西依使用中、未使用、存貨等分類。

包裝
袋裝、盒裝、瓶裝、罐裝或寶特瓶等，依照包裝分類。

季節
寢具、衣物等季節性東西，可以放在方便換季的地方。

使用時機
休閒娛樂用品、派對用品等，同時間用到的東西可以歸在一類。

內容物
依內容物是屬於液體、粉狀或是固體來分類。

家族成員
依家族成員分類。公用的東西可以放在公用的區域。

Part 2

衣

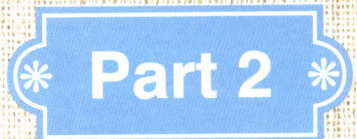

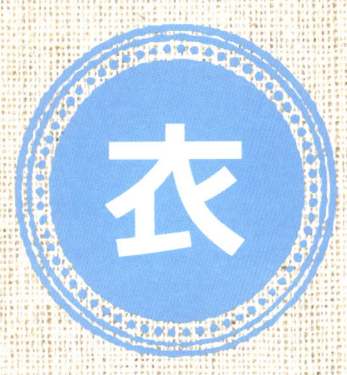

洗衣

為了提高洗衣服的效率，將衣服按照種類分門別類是很重要的事。
洗衣服、曬衣服以及收衣服等過程中，分類都扮演了很重要的角色。
只要善用「統一處理」的小技巧，就不會一直重複同樣的動作，
做起家事來也更輕鬆。衣櫥的整理和換季等麻煩的衣物管理，
只要掌握一些小技巧，同樣可以輕鬆愉快。

POINT

- 洗衣前的分類是關鍵！
- 利用統一取出 & 統一曬衣的方式讓家事更輕鬆
- 不要將常穿的衣服摺起來收納
- 衣服分門別類管理
- 注意洗衣機附近的收納也是讓家事更輕鬆的關鍵

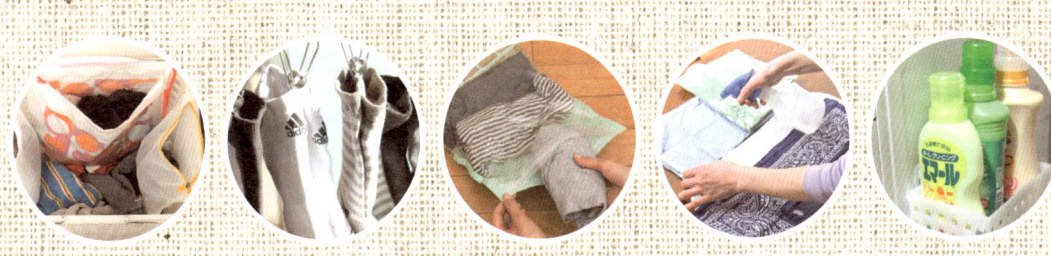

洗衣服

洗衣前的分類是重點！

洗衣前先按照衣服種類分類是輕鬆洗衣的關鍵！
只要聰明利用洗衣籃或洗衣網袋就可以有效率地將衣服分類。讓我們開始輕鬆洗衣服吧。

洗衣前的分類是關鍵！

衣服分類的最好時機不是在洗衣服的時候，而是在脫衣服的時候。只要是利用兩個洗衣籃或是在一個洗衣籃內放兩個洗衣網袋，就可以輕鬆將襪子類或內衣等分類。

只要在脫衣時就做好分類，洗衣時就不需要特別花精神來分類。

分類方式可按照個人需求自由選擇

★分類時可以依白色衣服、花色衣服來分類。或是按照個人、衣服種類以及髒污程度來分類。配合家中的習慣決定分類方式即可。

【分類的例子】

- 白色衣服
- 花色衣服
- 單色衣服
- 大小
- 髒污程度

三·種·分·類·方·法

1 利用兩個洗衣籃分類

洗衣機有「一般模式」和「柔洗模式」，先把要清洗的衣服分成這兩類。T恤、毛巾、褲子等衣服放進一般模式的洗衣籃。特殊材質的洋裝或內衣等就放入柔洗模式的洗衣籃。

2 利用一個洗衣籃分類

如果不方便放置兩個洗衣籃，使用一個洗衣籃也可以做好分類。只需將有繩子的塑膠袋或洗衣網袋用夾子夾在洗衣籃上即可。需要柔洗模式清洗的衣服和內衣等只要在脫的時候放進分類袋，洗衣時就可以很輕鬆。

3 柔洗模式的衣服量比較多的時候

最近需要柔洗模式清洗的衣服有增多趨勢。如果利用②的方式分類，而洗衣籃的容量又不夠大、衣服怕皺的話，可以使用體積小的洗衣提籃。脫衣時順手把衣服摺好後再放進洗衣提籃即可。或是將每件衣服都放進洗衣網袋也OK。

相同大小的洗衣網袋集中放在同一個洗衣網袋中

同時擁有多個不同大小的洗衣網袋，可是需要時又不見得可以馬上找到想要使用的尺寸。這種情況經常發生！這時只要將小洗衣網袋集中放進大洗衣網袋，剩下的以此類推，按照尺寸將洗衣網袋收納好，就可以避免發生這種情況。如此一來，從外觀就可以一目瞭然洗衣網袋的大小。

依據衣服種類選擇洗衣網袋的大小和粗細

毛衣等要選擇大洗衣網袋，而襪子和內衣等則選擇中型洗衣網袋。如圖所示，依據衣服種類選擇不同大小的洗衣網袋。特殊材質的衣服適合選用細網袋，希望徹底洗淨污垢的則選用粗網袋。

讓家事更輕鬆的洗衣便利小工具

站立式洗衣籃

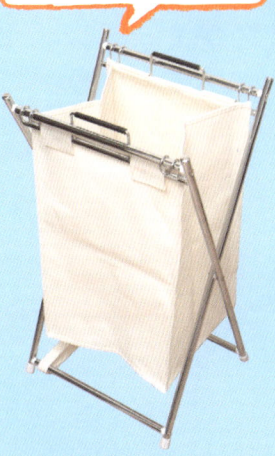

▲ 高度高所以容量大！可以擺放大量髒衣服。帆布做的髒衣袋可拆卸，內層經過防水加工，就算擺放濕衣服也不用擔心。

長方形洗衣籃

◀ 可在四邊用夾子夾上分類袋，非常方便。

細長型洗衣籃

◀ 因為是細長型，就算多買幾個來分類髒衣服也不占空間。也可用來裝小朋友的玩具。（參見p.92）

關於洗衣籃

選擇方便使用的洗衣籃是輕鬆洗衣服的第一步。選擇時應注意每天的髒衣量與洗衣籃大小間的平衡。現在很流行圓形洗衣籃，但這種洗衣籃有時連一天份的髒衣服也裝不下。選擇時除了造型，擺放位置和髒衣量也是考量重點。

▲ 襯衫和小件衣物只要用這種小臉盆就可以解決！而且不占空間。

◀ 對髒衣服多的家庭來說，髒衣浸泡在桶子裡去污是非常方便的事。但如果家裡不大，桶子的收納就會是一大問題。

用小臉盆去污就OK！

COLUMN

利用預約定時功能，靈活運用乾衣機

家庭主婦每天早上特別忙碌。在匆匆忙忙的早上，洗衣機的預約定時功能就是最好的幫手。只要善用定時功能，早上醒來衣服就已經洗好，只要曬乾就好，馬上可以省下一道手續。另外，在衣物不容易乾的雨季和花粉季等季節，只要善用乾衣機就可以節省時間。先用乾衣機把衣服烘半乾再曬在室內，一下子就乾了。

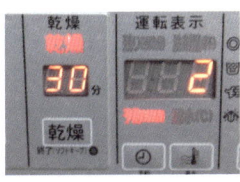

小常識

需要特別呵護的衣服裝入洗衣網的小技巧

1 衣服放進洗臉台

2 一件一件疊好

3 一件一件摺好

4 摺好後疊好

5 事先將洗衣網疊好（統一處理家事法）

6 放進洗衣網（統一處理家事法）

7 疊好洗衣網

相同的項目只要
● 「統一疊好」 ● 「統一摺好」
● 「統一放入洗衣網」
這就是統一處理家事法的技巧！

取出

依照大件衣物→小件衣物的順序統一取出

取出洗好的衣服時,分類非常重要。先統一取出大件衣物,再將小件衣物統一放進洗臉台,接下來的處理就可以輕鬆完成。

統一處理家事法① 依照大件衣物→小件衣物的順序統一取出

從洗衣槽取出洗好的衣物時,衣物經常會打結成一團,多是因為大浴巾或襯衫袖子打結而造成的。這個時候,如何取出就需要一些小技巧。

統一先取出大件浴巾或襯衫。
將取出的浴巾和襯衫等大件衣物統一放進袋子裡。

將小件衣物全部放進洗臉台內。

立體塑膠袋在分類時非常好用!!

大致將衣物分類,根據衣服的種類放進不同的袋子裡。使用立體塑膠袋更方便!!

大件衣物全數取出後,洗衣槽內只剩下小件衣物。

統一處理家事法 柔洗衣物的統一取出法
取出放進洗衣袋清洗、需要特別呵護衣物的技巧!

1 放進洗臉台

2 疊好洗衣網
統一拉鍊的方向

3 打開拉鍊

4 取出衣物

16

曬衣服①

先在洗臉台前做好曬衣準備

提著重重衣物就往陽台或曬衣間跑？萬萬不可！請先在洗臉台前做好曬衣準備。

依照分類→統一曬衣，就可快速又有效率地曬衣服。

善用洗臉台統一分類和統一曬衣

衣服洗好後統一先將小件衣物放進洗臉台內，進行簡單分類。

之後再進行細部分類，在洗臉台前就做好曬衣準備。

統一處理家事法　統一曬 T 恤

▲ 衣服掛在吊衣桿上。　▲ 注意別撐大領口，衣架穿過衣服。　▲ 疊好放在洗臉台邊緣。　▲ 抖一抖衣服。　▲ T恤放進洗臉台內。

統一處理家事法　統一曬手帕

▲ 手帕曬在小件衣物專用的衣架上。　▲ 摺好的手帕疊好放在洗臉台邊緣。　▲ 手帕摺成四摺並拉平皺摺。

統一處理家事法　防止找不到另一隻襪子！成雙成對曬襪子

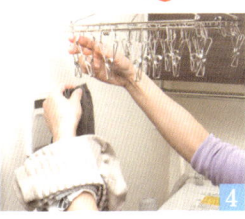  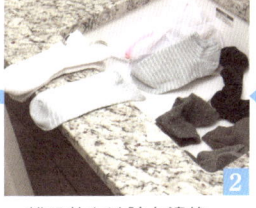 

▲ 所有襪子放在手腕上並曬在襪架上。　▲ 成雙成對的襪子疊好放在一起。　▲ 襪子放在洗臉台邊緣。　▲ 襪子放進洗臉台內。

洗手間或室內做曬衣準備時的實用小工具

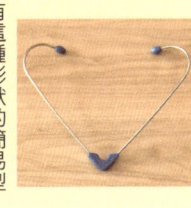  

也有這種形狀的簡易型夾子。（參見p92）

門框專用夾——可以夾在門框上使用。如此一來，就算是下雨天也可以把衣服曬在室內。

上網也可買到附有吊衣功能的洗衣置物架。

如果有60至90公分的空間，可將伸縮桿當作吊衣桿。

曬衣服 ②

多種曬衣方式

怎麼曬衣服才容易乾呢？怎麼曬衣服才曬得多呢？善用身邊的小工具，將衣服分門別類曬好！

快乾！曬得多！各種衣服有不同的曬法

胸罩

仔細曬乾
上下調整罩杯的形狀，將胸罩反過來，用夾子夾住背帶部分。

曬得多
胸罩對摺，中間部分掛在衣架上。

帽T

快乾
使用三個衣架，帽子和袖子用洗衣夾夾在衣架上，加強通風。

高領衫

快乾

使用兩個衣架的曬衣法。

使用專用衣架，領子可以豎起來，也比較快乾。

浴巾

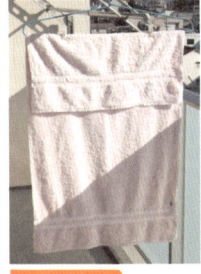  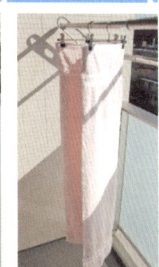

快乾
善用浴巾曬衣架。減少反摺掛在衣架上的毛巾面積。

省空間
將毛巾縱向對摺後再掛在衣架上。

省空間
使用兩個褲子曬衣架，順著衣架的弧度夾住，就可以節省空間。

床包

省空間
利用襪子架的夾子夾好床包鬆緊帶，呈氣球狀，就不會占用太多空間。

襪子

快乾
每隻襪子都分別用夾子夾住襪子鬆緊帶的部分。如此一來，通風好，襪子很快就乾了。

曬得多
一雙襪子共用一個夾子。

褲子

快乾
褲子翻過來曬乾。

解開褲子的釦子和拉鍊，加強通風。

使用兩個褲子專用衣架。

善用在百元商店就可以買到的褲子曬衣架。

18

邊收衣服，邊依照衣服的主人分類裝袋

準備幾個立體塑膠袋，依照衣服擺放位置或衣服主人分類裝袋。塑膠袋放在陽台等曬衣區，以便分類。如果有時間，可將衣服摺好後再裝袋，這樣就可以輕鬆將衣物歸位。

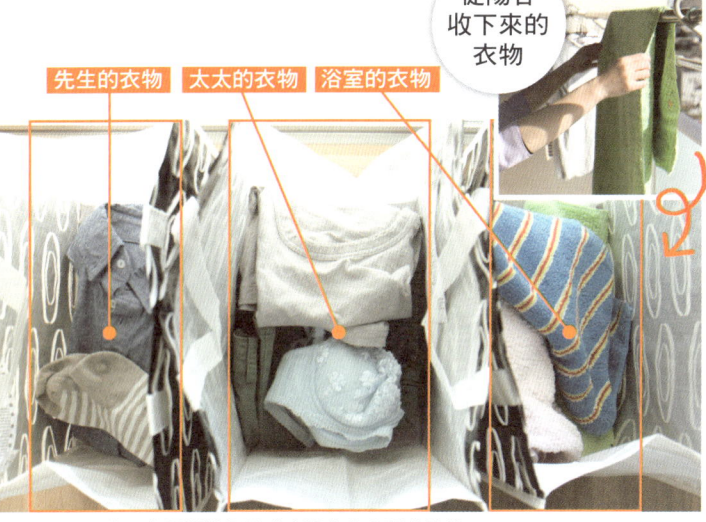

▲ 依照衣服擺放位置或衣服主人分類後裝袋。

平常衣架上的衣物，收下來後就可直接放進衣櫥

▲ 直接放進衣櫥　　▲ 曬乾的衣服

COLUMN

認識乾衣的原理

想要衣物快乾，保持通風很重要。這道理大家都懂，但為什麼呢？只要知道乾衣的原理，就可找出最適當的曬衣方式。

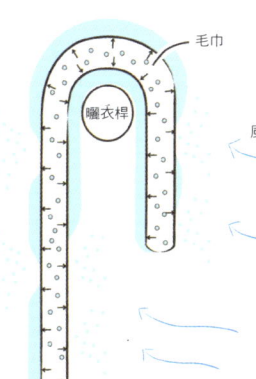

STEP1
洗好的衣物，表面與空氣接觸的部分一旦乾燥，衣服內所含的水分就會蒸發，在表面形成水分的保護膜。

STEP2
一旦有風吹過，就會破壞表面的水分保護膜，表面再度形成乾燥狀態。

STEP3
衣服內所含的水分再度蒸發到表面，形成新的水分保護膜。這個保護膜遇到風又會被破壞。因此，風陣陣吹，衣物表面的水分保護膜就不斷被破壞，衣物也就越來越乾。

收衣服

先分類再收

收曬乾的衣服時，分類是一大重點。

想曬不同種類的衣物

衣物長短交錯，加強通風。

想曬很多衣物

只要用鍊子串連兩個衣架，上下都可以曬衣。不過不容易乾，建議用來曬比較薄的衣物。

快乾！曬得多！善用曬衣小幫手！

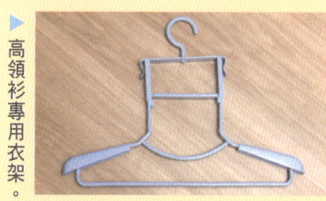

▶ 高領衫專用衣架。

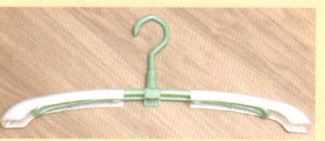

▲ 撐起衣服肩膀部分，解決運動衫腋下不容易乾的問題。

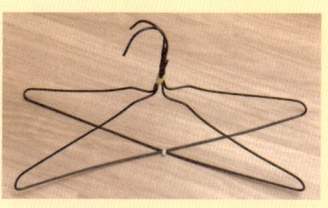

▲ 本多老師自製的衣架。用橡皮筋固定兩個鐵衣架。可自由調整幅度，曬運動衫等衣物時，可以撐開衣服，加強通風。

摺衣服・放衣服

讓我們一起省下摺衣服的時間！

讓家事更輕鬆的摺衣法

新觀念 不摺衣服就直接收起來

很多人都覺得摺衣服是洗衣過程中最令人頭疼的步驟。質料柔軟的針織衫和T恤，天天不斷重複「洗衣、摺衣」，其實很沒效率。只要我們改變舊有觀念，將平常經常穿的衣服，洗好晾乾後直接連同衣架一起掛進衣櫥，就可以省下摺衣服的手續。

▲ 收衣服。

▲ 連同衣架一起掛進衣櫥。

哪些衣服適合吊掛？

- 細肩帶背心
- T恤
- 襯衫

小常識

衣服肩膀部分會留下衣架的痕跡?!　建議使用圓形衣架

推薦使用不容易在肩膀部分留下痕跡的圓形衣架。衣服用圓形衣架曬乾後直接掛進衣櫥。這種圓形衣架，就算是掛容易滑落的細肩帶背心或洋裝也不用擔心。圓形衣架在肩膀部分呈現自然的弧形，因此不必擔心衣服會變形。這種衣架是德國人發明的。（參見p.92）。

衣櫥客滿沒有位置吊掛衣服？把不常穿的衣服摺起來

衣櫥裡想要把經常穿的衣服吊掛卻客滿掛不下⋯⋯現在吊掛在衣櫥裡的衣服一定有些是不常穿的，請將這些不常穿的衣服摺好放進收納箱。

衣櫥裡吊滿不常穿的衣服。

衣櫥清爽多了！也有空間可以吊掛許多T恤等衣服。

不常穿的衣服摺好放進收納箱。

摺衣服的省時篇與仔細篇

摺衣服的方法很多，也有許多不同的技巧。不管哪種方式都各有優缺點，並沒有正確答案。以下介紹盡量減少衣服皺褶的「仔細摺衣法」和輕鬆有效的「省時摺衣法」。

不論是希望好好保管的貴重衣物，還是希望減少收納空間的一般衣物，都可依照需求選擇不同的摺衣方式。

仔細篇

T恤 — 服飾店摺法

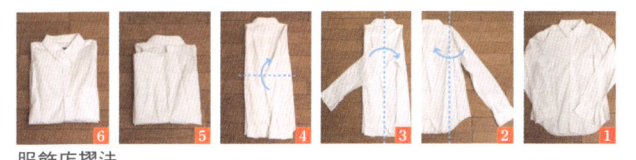

襯衫 — 服飾店摺法

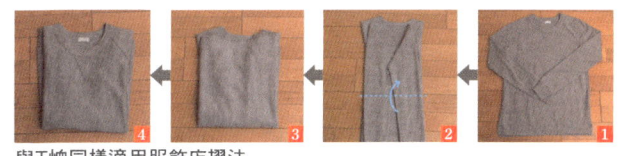

針織衫 — 與T恤同樣適用服飾店摺法

胸罩 — 利用木架將胸罩一件一件放好。胸罩連同木架一起放進抽屜收納。這樣罩杯不會變形，可以延長使用壽命。

西裝外套 — 沿著中間的縫線，小心翼翼將外套對摺。雖然比較占空間，但這是避免西裝外套產生皺褶的最佳摺法。

省時篇

T恤 — T-恤對摺再對摺的省時摺法。

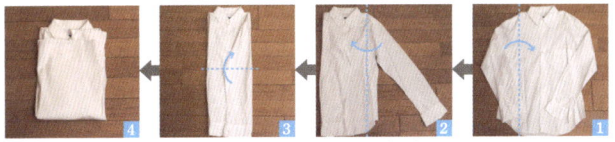

襯衫 — 襯衫不反過來，直接將袖子摺進來再對摺的摺法。

針織衫 — 袖子在胸前交叉摺入後再對摺的摺法。

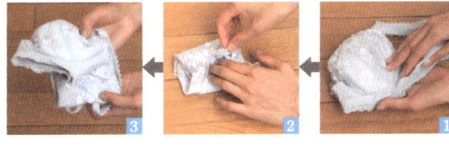

胸罩 — 胸罩對摺，並將內褲放進罩杯中。不但不占空間，使用也非常方便。但有鋼圈的無縫胸罩不適合這種收納法。如果不希望胸罩變形，請參考「仔細篇」的胸罩收納法。

西裝外套 — 西裝袖子在胸前交叉摺入後再對摺的摺法。雖然比較容易有皺褶，但比較不占空間。

睡衣成套摺好

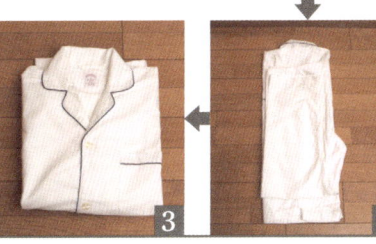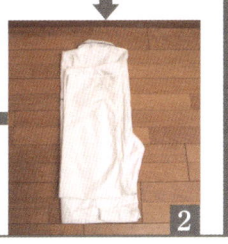

摺睡衣時，記得將上半身和下半身一起摺疊。

兒童衣物的收納法

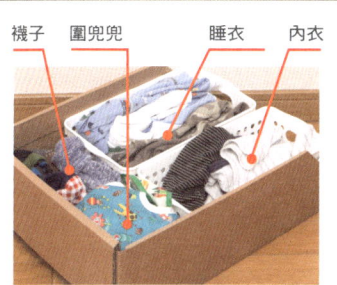

下半身　上半身　襪子　圍兜兜　睡衣　內衣

將平常會穿的衣服按上半身和下半身分類，將衣服直立放好。所有衣服和褲子一目瞭然，就算是小件的衣物也不怕找不到。

內衣睡衣等家居服統一收納在同個地方，使用起來也比較方便。利用抽屜或盒子的隔板分類，衣物摺好後依類別一一放入。襪子和圍兜兜等放入整理格中就不怕找不到。

換季

衣櫃衣櫥的輕鬆家事收納術

衣服分門別類收納

為了避免當季衣服和過季衣服混雜在一起，將過季衣服整理收好。

衣服分門別類收好

只要將衣服按照長短吊掛好，就可以有效利用衣櫥下方的空間。例如，依照襯衫、針織衫、洋裝、外套、大衣分門別類，再按長短吊掛好。看起來既清爽，又可以馬上知道什麼衣服掛在哪裡。

大衣　洋裝・針織衫　T恤　T恤　襯衫　外套

太太的衣服　　　先生的衣服

用夾子為每個類別做記號！

為了避免衣櫥內的衣服全部混在一起，將衣服依照T恤、針織衫、外套等分類掛好，在每個類別之間夾上夾子做記號。

用夾子為太太和先生的衣服做記號也是不錯的方法。

過季衣服整理好後蓋上防塵袋

過季衣服統一掛在衣櫥的最旁邊。這時只要套上防塵袋，就不必擔心衣服會沾上灰塵。也可以用床單或桌巾等大塊布當作防塵布。

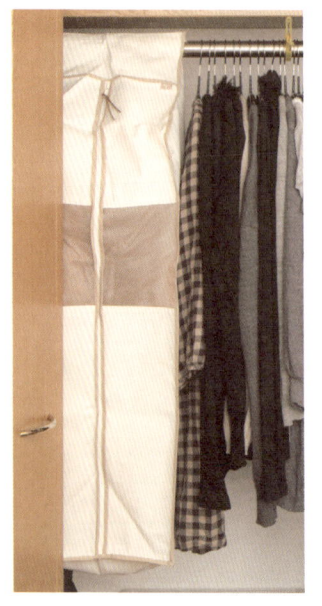

洗好的衣服別上別針當記號就不怕搞混！

整理毛衣和針織外套等過季衣服時，有時會搞不清楚這些衣服到底洗過沒有。只要在衣服洗好後別上別針作記號，就可以清楚判別。用夾子為太太和先生的衣服做記號也是不錯的方法。

衣物收納箱的收納術

收納小撇步

收納箱中放進紙盒當作隔板，
把當季和過季的衣服，
分別放入收納箱的前後段即可！

利用包巾整理過季衣服

過季衣服用包巾包好放入衣物收納箱的後段統一管理。

在收納箱中放入紙盒當作隔板。收納箱的前段放入當季衣服，過季衣服捲好直立放入收納箱的後段。換季時，只要連同紙盒交換前後位置即可。

善用壓縮袋

內搭衣和T恤等不用擔心會變形的衣物可以使用壓縮袋來節省空間。衣服量瞬間減少。

衣物收納箱豎起來收納空間倍增

收納過季衣物時，只要將衣物收納箱豎起來，再將衣物疊起來就不會浪費空間，發揮強大收納力。

適合衣物收納箱的摺衣法

3 袖子交叉。簡單不費事。　　**2** 衣領與衣服的下緣對齊。　　**1** 衣服對摺。

熨衣服

麻煩的工作也可以這麼輕鬆

只熨真正需要熨的部分,簡單有效率。
善用便利的小工具,麻煩的工作變輕鬆。

只熨真正需要熨的地方

例如**襯衫**的**衣領**、**袖口**、**前襟**等重點部位。

真的有必要熨衣服嗎?像是襯衫,其實只需要熨領子、袖子等重點部位就足夠。只要把精力花在看得到的地方或是特別需要注意的地方,熨衣的效率倍增,家事也變得更輕鬆。

所有熨衣工具集中放在一起,方便拿取

熨斗、熨衣手套、熨衣墊、熨衣噴霧等全部集中放在同個地方,需要時方便拿取。

POINT

改用毛巾布手帕

登上最需熨衣榜首的應該就是手帕。既然如此,改用毛巾布手帕也是不錯的選擇。夏天以及家中有小朋友的家庭,毛巾布手帕可以幫忙省下熨衣的麻煩。

善用便利的小工具

覺得熨衣服好麻煩的人,是不是因為每次熨衣服就得扛出熨衣板,才覺得麻煩呢?如果是薄薄的熨衣墊,只要鋪在桌子或椅子上就可以熨衣,對腰部也不會造成負擔。

統一處理家事法

手帕的輕鬆家事燙衣術

手帕的輕鬆家事熨衣術讓熨手帕的工作越做越上手。只要掌握這個技巧,也許你還會期待熨衣服呢!

1 手帕攤開放在熨衣墊上,對摺後疊好。

2 對摺的手帕疊好後放在桌子上。

3 手帕一條一條翻起並噴上熨衣噴霧。

4 熨手帕。

5 熨好後將手帕移到旁邊桌子上。再將下一條手帕移到熨衣墊上。

7 重複④~⑥的步驟,將疊好的手帕移回熨衣墊上,一條一條對摺。

8 手帕再對摺一次就大功告成。

24

熨衣的小技巧

了解衣服的構造，依照部位熨衣

外套和襯衫等都是結合多種部位而成的衣服，仔細了解衣服的構造，依照部位熨衣服。

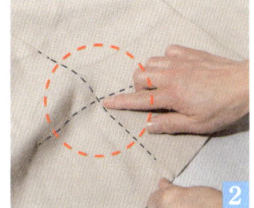
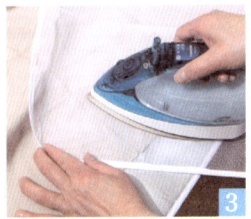
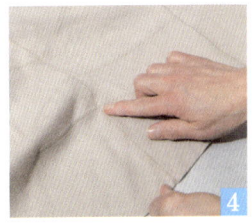

4 燙袖子時沿著縫線熨衣。　3 在衣服上墊上一塊布，小心熨衣。　2 小心不要壓扁這個部位。　1 背面剪裁比較複雜的外套。

讓熨衣更輕鬆的曬衣法

首先用手撐開縫有釦子的前襟，以及腋下部位、袖子和衣身，之後再在衣服的四個位置綁上重物，如此一來，令人煩惱的皺褶也就不見了。衣服曬乾後，熨衣也變得輕鬆容易。

4　　　　3　　　　2　　　　1

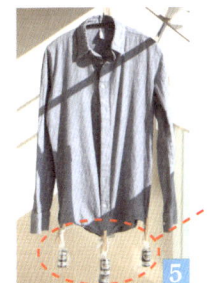

5

● 手帕
手帕摺四折之後用手撐開，再掛在襪子架上曬乾，就可以減少皺褶的產生。不用熨就可以直接使用。

● 褲子
褲子上下顛倒曬，皺褶會被水的重量拉平。但褲子口袋和褲腰不容易乾，因此中途將褲子上下顛倒是曬衣的小技巧。

減少皺褶產生的**重物**製作法

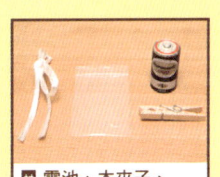
1 電池裝進塑膠袋中，用塑膠繩綁好。
材料：電池、木夾子、塑膠繩、塑膠袋

2 用塑膠繩做一個環並打結。

3 用木夾子夾住打結處。

4 再打一個結綁緊。

5 剪掉兩端多餘的繩子就大功告成。

完成！

小常識　羊毛衣物避免重壓

羊毛衣物適合使用蒸氣熨斗。利用蒸氣壓力量，避免擠壓到羊毛，衣服也會比較蓬鬆。

NO! PRESS

小常識

適合和不適合使用蒸氣熨斗的衣物

只要知道什麼樣的衣服質料適合用蒸氣熨斗，熨起衣服更得心應手。

	蒸氣熨斗	乾熨斗
質料	羊毛、壓克力、紡織品	棉、麻、聚酯纖維
原理	熨斗的蒸氣讓衣物蓬鬆	熨斗的熱氣壓平皺褶
熨衣技巧	離衣物一點距離，不要直接碰觸到衣料	不要過度用力壓，也嚴禁拉扯衣物

25

洗衣機附近的輕鬆家事收納術

收納時考慮使用方便

洗衣服的工具很多又占空間，每次要用的時候往往找不到。為了避免浪費時間在找東西上，收納時先考慮使用方便。

方便曬衣的洗衣置物架。還可以掛衣架等。

④ 用來分類的塑膠袋

⑤ 小物品專用衣架

⑥ 襪子架

注意！物品放置在洗衣機上面或兩旁，脫水時東西可能會掉落下來，請特別留意。

（圖中的洗衣機是TOSHIBA EWD-BC80A的滾筒式洗衣機）

① 洗衣網

浴巾等屬於浴室的東西

需要柔洗的衣物

只需普通洗滌的衣物

② 洗衣精等

③ 衣架

COLUMN

你使用的洗衣機是滾筒式？直立式？附有烘衣功能嗎？各種洗衣機的優缺點

上圖的洗衣機是節省空間的橫式滾筒洗衣機。不過到目前為止，直立式洗衣機還是主流。我們訪問多位家庭主婦，聽聽她們對於橫式和直立式洗衣機的評價。

滾筒式洗衣機派

「因為我有花粉症，春天無法把衣物曬在外面！因此非常愛用乾衣速度快的洗脫烘滾筒洗衣機。」

「因為家裡有人患有花粉症，到了春天，衣物無法曬在外面，這個時候就非常需要烘衣機。使用乾衣速度快的脫烘滾筒洗衣機就不用煩惱。滾筒洗衣機也比較省水，但缺點是如果使用烘衣功能，衣服比較容易皺，也比較容易受損。」

東京 O太太

直立式洗衣機派

「因為每天要洗的衣物很多，大容量的直立式洗衣機比較方便。」

「直立式洗衣機可以一次清洗較多衣物，所以很方便。被子和毛巾也可以放進去清洗，非常適合家裡有小朋友的家庭使用。而且直立式洗衣機也比較便宜…不過還是挺羨慕有烘衣功能的洗衣機。」

東京 N太太

直立式洗衣機派

「因為我有腰痛的毛病，因此選擇衣物比較容易取出的直立式洗衣機。」

「我聽說用滾筒洗衣機，取出衣物非常不方便。一想到每次都得彎腰才能取出又重又濕的毛巾或床單，就讓我卻步。另外，我去朋友家，也發現滾筒式洗衣機比較吵。不過，滾筒洗衣機似乎比較省空間，外型也比較時髦。」

神奈川縣 T太太

根據衣物種類
收納洗衣工具的方法

1 洗衣網

分為大、中、小。各種大小的洗衣網集中放在一起，放在容易拿取的地方。

2 洗衣精

平時經常使用的洗衣精集中放在盒子裡，並用磁鐵吸附在洗衣機兩側。如果無法吸附，就把盒子放在架子上。

3 衣架

用來曬平時常穿的衣物，曬乾之後可以直接掛進衣櫥。準備一個長型盒子，掛勾掛在盒子邊緣。這樣可以預防衣架纏在一起。也可以利用啤酒箱來收納。

4 用來分類的塑膠袋

塑膠袋對摺後直立放入盒中收納。

5 小物品專用衣架

不同種類的衣架個別裝進塑膠袋內，小心打結。

6 襪子架

容易打結的襪子架可以用塑膠袋當隔間，與衣架隔離。

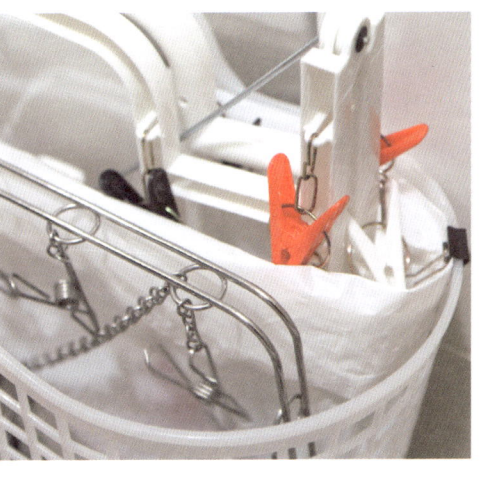

衣物收納的煩惱諮詢室

Q 圍巾、手套、帽子等當季和過季衣物配件有什麼不同的收納技巧？

A 過季衣物配件可以依照質料收納。有些衣物配件，例如皮件、皮草、羊毛等，是需要透氣的質料，也有些衣物配件是可以放進塑膠袋密封的。

依照最適合的收納條件收納過季衣物配件，是收納的重點。另一方面，容易取出又是收納當季衣物配件的小技巧。下面將一一介紹。

當季 披肩和圍巾
當季時把披肩和圍巾收在衣櫥中看得見的位置，取出時非常方便。

過季 毛線帽和羊毛耳罩
羊毛屬於必須保持透氣的材質。在束口袋內放入乾燥劑，再把羊毛衣物放進去收納，還可以防止蟲蛀和發霉。

過季 草帽
收納草帽時，小心不要讓帽子變形。在像絲襪般細緻的濾水網中裝進毛巾並綁成丸子狀後塞進帽子裡。或是塞小的圓形篩網也可以。

過季 平常不常使用的包包
派對用的小包或過季的包包等平常不常使用的包包，收納時可以把小包包裝進大包來節省空間。小包獨立放進大包內，小包內不要再放包包以免找不到。另外，也可以用透明文件夾等當作隔間，方便取出。

過季 手套
皮革或羊毛手套在收納時要特別注意透氣。可以放進不織布袋子內收納。

Q 靴子和涼鞋等鞋子過季時都還堆在玄關，鞋櫃都放不下了，該如何是好？

A 和衣服一樣，鞋子也需要換季。收納時根據鞋子的材質做管理是很重要的。

過季衣物配件在衣櫥裡堆積如山！玄關放的也都是些沒在穿的鞋子！有沒有什麼技巧可以把這些東西收納整齊又方便使用呢？

海灘鞋
如果是塑膠材質的海灘鞋，可以放進夾鍊袋內保管。直立放入盒中，可以節省收納空間。

靴子
為了避免靴子變形，可以在靴子內塞入筒狀鞋撐，放進盒子收進鞋櫃。

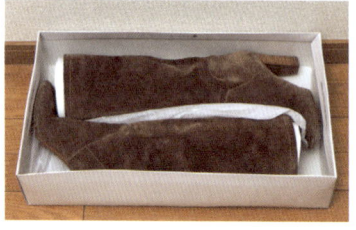

Part 3 食

採買

採買食材時,只要同時思考回家後的收納位置,並善用購物推車和購物袋,
回家之後就可以快速將東西擺放好,輕鬆又省時。
另外,懂得將食材分類好再放進冰箱或儲存盒保存的技巧,
做起家事也可以事半功倍。

POINT

- 買東西前先準備購物清單
- 超市賣場的購物動線
- 重新思考購物車和購物袋的利用方式,讓家事更輕鬆
- 東西買回來的分類和歸位是一大重點
- 掌握食材的消費量,減少浪費

採買前的準備

出門前先檢查冰箱還剩下多少食材。
養成發現有缺少東西就立刻寫在購物清單上的習慣。

首先準備購物清單

先確認缺少哪些食材

採買前最重要的準備工作就是掌握「缺少哪些食材」。

因此，做菜時若發現缺少什麼東西，立刻寫在購物清單上。

準備小筆筒和白板，用磁鐵吸附在冰箱上，隨時把缺少的東西寫下來。

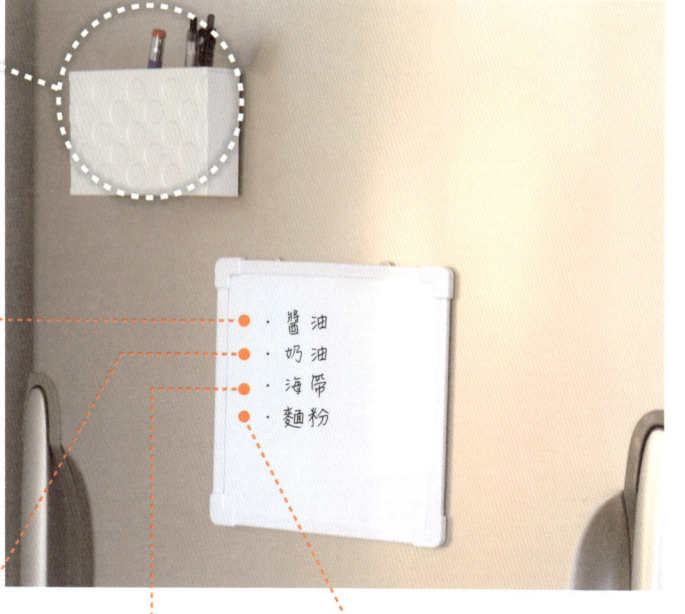

筆筒的收納
用磁鐵把筆筒吸附在冰箱上

- 醬油
- 奶油
- 海帶
- 麵粉

醬油剩下不多，是該補貨的時候了！

啊！塗麵包的奶油沒有了。

放在味噌湯的海帶用完了。

原本打算炸天婦羅，麵粉卻不夠用！

COLUMN

等食材用完才列清單就太遲了！

購物清單就是把用完需要添購的食材記錄下來的單子。然而，等食材用完才列清單就太遲了！如果食材用完的隔天馬上就去添購，也許還不會忘記，但有時無法立刻去，或是為了等超市的特價品日而不會隔天馬上購買。

因此，食材快用完時馬上寫進清單就很重要。如果有存貨，當然列清單的時間點也不一樣。讓我們一起養成隨時記下缺少食材的好習慣。

● 列清單的時間點

沒有存貨的食材
↓食材剩下1/3時
就可以寫進清單內

有存貨的食材
↓從儲藏區拿出最後一罐
食材開始使用的時候

採買前便利的工具和訣竅

用磁鐵把筆筒吸附在冰箱上

善用便利貼

善用紙的背面！筆記本的簡單製作法

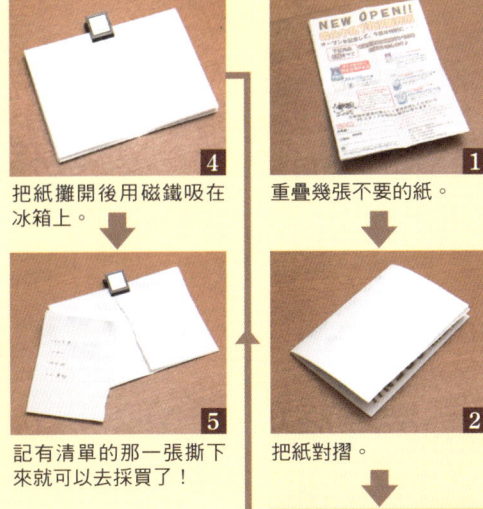

1. 重疊幾張不要的紙。
2. 把紙對摺。
3. 再對摺。 
4. 把紙攤開後用磁鐵吸在冰箱上。
5. 記有清單的那一張撕下來就可以去採買了！

用手機拍下寫在白板上的清單

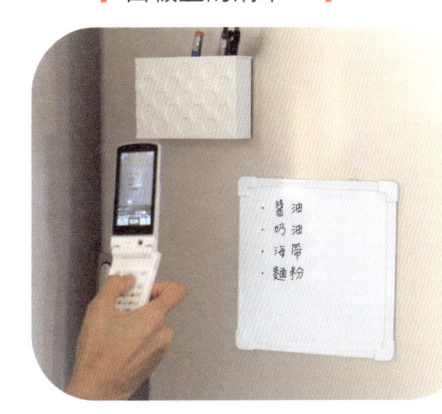

COLUMN 白板的使用方法

常有人把白板用磁鐵吸附在冰箱上，其實這個白板可以當作管理存貨的最佳工具。首先將冰箱內的平面圖畫在白板上，再把放在冷藏、冷凍、蔬果室的食材寫在白板上，這樣不用打開冰箱也知道裡面有什麼東西。

只要把用完的食材寫在白板的一角，「需要購買的食材」、「有存貨的食材」也就一目瞭然。

COLUMN 如何善用宅配服務？

對於必須兼顧工作和家庭的職業婦女，網路超市和宅配服務是她們的好幫手。宅配服務就是每個禮拜訂貨一次，送貨到府的服務。

米、酒、水等比較重的東西，以及每週都要買的牛奶、雞蛋等食材，適合使用宅配服務。另外，如果家中有嬰幼兒，也很適合利用宅配服務買尿布、奶粉等育嬰用品。

但是，宅配的東西單價往往比較高。至於肉類、蔬菜等生鮮食品，家附近的超市經常會有特價優惠，因此這些東西在附近的超市購買有時會比較省錢。根據需要，聰明區分利用宅配服務買東西和去超市買東西是很重要的事。

有些宅配服務不能指定到貨時間，如果錯過訂貨時間，就要再等一週才有辦法訂貨，這也許不適合無法事先訂立購物計畫的人。網路超市就沒有這樣的問題，可以指定到貨時間，比較適合忙碌的主婦。

採買去

提高採買效率的超市賣場購物動線

拿著購物清單前進超市賣場！上超市購物可以提高採買效率的購物動線！

掌握這個小技巧，省時又省錢。

超市賣場的購物動線

根據食材溫度的高低，依照常溫、冷藏、冷凍的順序購物。一到超市就先確認主要食材也是一大重點！這樣就不用擔心主要食材賣完而必須變更菜色所造成的時間浪費，也可避免購買不必要的食材。

❶ 先確認什麼食材有特價，再來決定菜單！

肉類或魚類是否有特價是左右菜單內容的重要因素。因此，到了超市先確認哪些肉類或魚類有特價。

❷ 常溫區

必要的調味料和食材等放進購物車。

❸ 蔬菜·水果

會用到的蔬菜、水果放進購物車。

❹ 冷藏品：大豆製品·乳製品

大豆製品和乳製品等必要的生鮮食品放進購物車。

❺ 肉類·魚類

一進到超市就先看好特價肉類或魚類等主食材放進購物車。

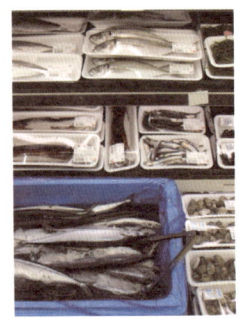

❻ 冷凍食品

最後將溫度最低的冷凍食品放進購物車。

特別感謝：西友（免費專線：0120-360-373）

掌握賣場的商品基本陳列方式

每個賣場都有相同的商品基本陳列方式。從入口到後面，蔬菜、肉類和魚類、大豆製品和乳製品等需要冷藏的東西依序擺放成ㄇ字型。肉類和魚類放在最後面的原因是因為太靠近出入口，外面的溫度變化會影響魚肉類的品質。

① 首先確認特價品

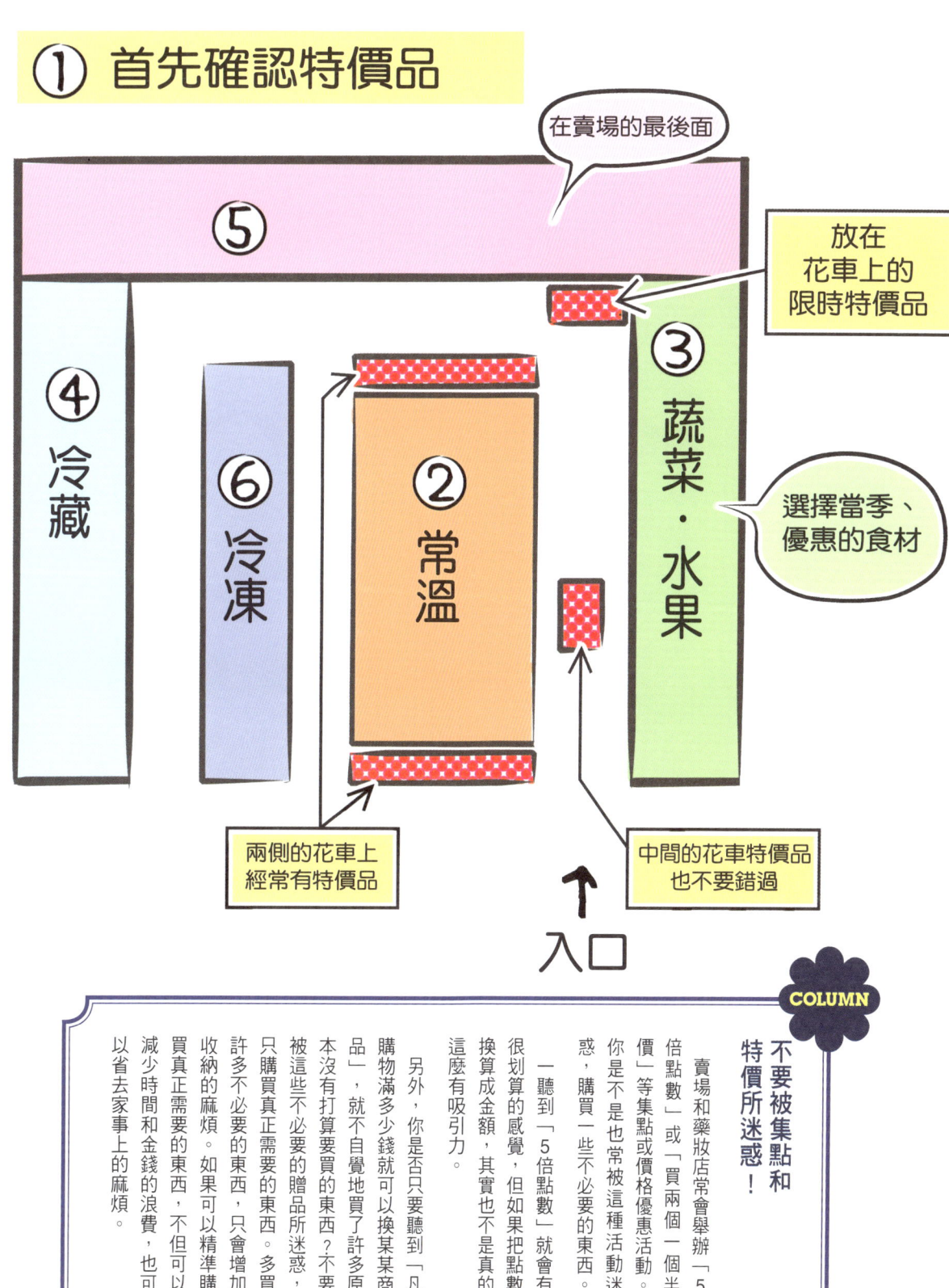

- 在賣場的最後面
- 放在花車上的限時特價品
- 選擇當季、優惠的食材
- 兩側的花車上經常有特價品
- 中間的花車特價品也不要錯過

圖中標示：⑤、④冷藏、⑥冷凍、②常溫、③蔬菜·水果、入口

COLUMN 不要被集點和特價所迷惑！

賣場和藥妝店常會舉辦「5倍點數」或「買兩個一個半價」等集點或價格優惠活動迷惑你，是不是也常被這種活動迷惑，購買一些不必要的東西。

一聽到「5倍點數」就會有很划算的感覺，但如果把點數換算成金額，其實也不是真的這麼有吸引力。

另外，你是否只要聽到「凡購物滿多少錢就可以換某某商品」，就不自覺地買了許多原本沒有打算要買的東西？不要被這些不必要的贈品所迷惑，只購買真正需要的東西。多買許多不必要的東西，只會增加收納的麻煩。如果可以精準購買真正需要的東西，不但可以減少時間和金錢的浪費，也可以省去家事上的麻煩。

購物車的使用方法 & 購物袋的裝袋方法

採買時要同時考慮到收納的位置

「把東西放進購物車時」以及「把東西裝進購物袋時」，如果可以同時考慮到回家後的收納位置，之後的歸位工作就可以很輕鬆。

分開使用購物車的上下段

超市採買時，可以同時考慮回家後的收納位置，之後的歸位工作就可以很輕鬆。東西放進購物車時，依照回家後擺放位置分類即可。

購物車的上段主要放「需要放冰箱的東西」，下段則放「不需要放冰箱的東西」。簡單的動作，家事效率大大提升。

需要放冰箱的東西

回家後需要立刻放冰箱的食品。需要冷凍的食品放一邊，放蔬果室的蔬果則放另一邊。

蔬果室	冷藏室	冷凍庫
・蔥 ・菠菜 ・白菜 ・萵苣等	・納豆 ・肉類 ・牛奶	・冷凍水果等

其他常溫保存的東西

常溫保存的東西放到購物車的下段位置。其中又大致可分為「食品」和「日用品」兩大類。結帳後順序可能會亂掉，但做初步分類是很重要的。

日用品	食品
・廚房清潔劑 ・柔軟精	・調味料 ・點心 ・乾貨 ・麵類等

上段：需要放冰箱的東西
下段：其他常溫保存的東西

商品的裝袋方法

結帳後把商品裝進購物袋的方法。這時候也請考慮到回家後的收納位置，一邊按照商品種類裝袋。因為採購的量不同，裝袋方式也不同，但大致是依照「需要放冰箱」和「常溫保存」兩大類裝袋。

如果採買的量大，「需要放冰箱」的東西中，又可分為「冷藏室」、「冷凍庫」、「蔬果室」三類。「常溫保存」的東西也可分為「食品」和「日用品」兩大類。

全家利用週末去賣場大量採買，人手多，買的量也比較大，因此可以帶保冷袋去裝冷凍食品，或是帶環保袋去購買。裝袋時請考慮回家後的收納位置，之後的歸位工作就可以很輕鬆。

需要放冰箱的東西

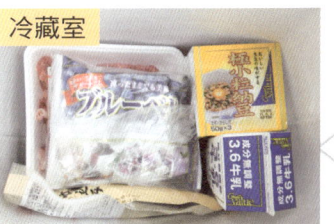

冷藏室

需要冷藏的東西放進保冷袋就不用擔心。

冷凍庫

需要冷凍的東西裝進塑膠袋，放入冰塊（或乾冰）再裝進保冷袋。

蔬果室

蔬菜按照重量，從重到輕，依序放入袋子。用可以撐開來的立體購物袋更方便。

其他常溫保存的東西

食品

常溫保存的食品集中放在一起。

日用品

保鮮膜和洗潔精等日用品裝進另一個袋子。

在購物袋上下功夫

▶冷藏品和常溫品加起來共四袋。就像這樣將東西分門別類。

根據採買的量可以自由調整分類方法。先了解基本的分類方法，到時候可視情況調整。

方便的立體購物袋

超市的塑膠袋因為底部沒有寬度，東西放進去後的安定性差。而紙袋等底部有寬度的立體袋放東西比較穩固，也比較好放。

COLUMN

把購物籃大小的購物袋直接放進購物籃，節省裝袋時間

結帳時，把購物袋放進空的購物籃，請收銀人員把東西直接裝進購物袋。這樣結帳完把袋子提了就可以直接回家。覺得把東西從購物籃裝袋很麻煩的人，非常推薦使用這項小技巧。只是裝袋時還是要考慮回家後的收納位置。

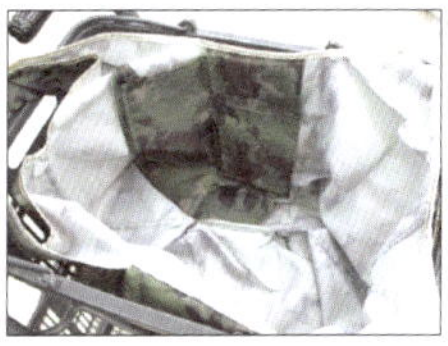

回來的東西收納整齊

重點在於將東西分類好再收納！

將買回來的東西收納整齊！只要掌握幾個收納時應該注意的重點，不用費力就知道什麼東西放在冰箱的什麼地方。

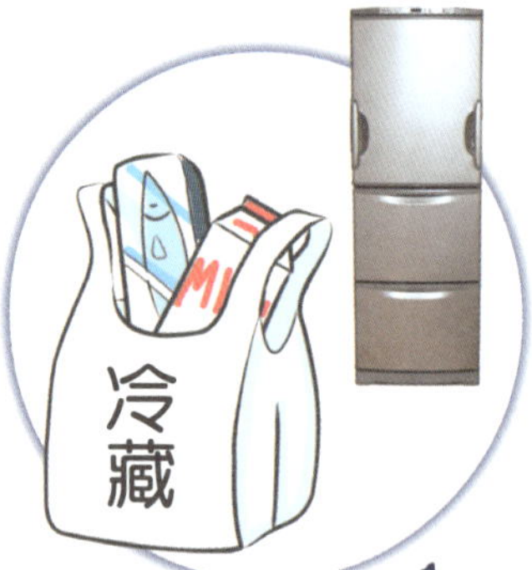

食材放在固定區域，使用起來就很方便！

冰箱劃分為幾個不同區域是收納的重點。建議把賞味期限長的東西放在上層，賞味期限短的食品放在容易看到的中層。使用籃子幫助分類。

冷藏室 / 冷藏

冰箱的區域規畫

IN（買回來的東西放在事前規畫好的區域）

- 賞味期限長的食品：蒟蒻、蒟蒻絲
- 買來存放的食品：泡菜、叉燒
- 消費期限短的食品：豆腐、優格
- 經常使用的東西（參見 p.57）
- 魚・肉・加工食品：肉、魚、香腸等加工食品

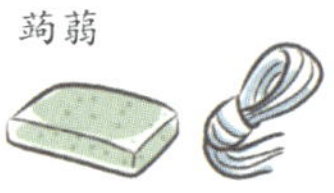

STOCK

用奇異筆標明賞味期限。

蒟蒻和蒟蒻絲等賞味期限較長的東西也是放在冰箱的上層。使用可以看到內容物的透明盒子收納，方便取用。

可以長期保存的食品和梅子乾等開封後還可以長期保存的食品，以及需要冷藏的藥品等放在冰箱的上層。

小朋友的點心放在小朋友不容易拿到的第二層。

第二層擺放買來存放的食品。專門放一些除非用完，不然不太會取出的食品。

乳製品統一放進籃子中。

開封後的食品移到這裡收納。消費期限短的豆腐等食品，放在容易看到的位置。

保鮮室放肉類、魚類和加工食品等。放入三個籃子，分別放進三個不同種類的食品。根據食品量的多寡決定籃子的大小。也可以用塑膠袋分類。

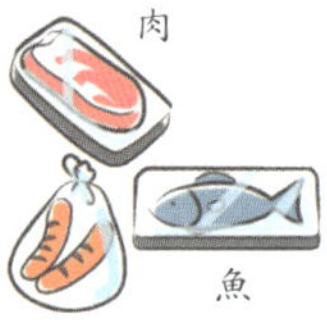

POINT

保鮮盒很占空間，不知如何是好…

重新檢查一下保鮮盒的數量，減少相同大小的保鮮盒的數量。

常看到有人的冰箱放得滿滿都是裝有別人給的食物或吃剩食物的保鮮盒。仔細檢查現在擁有的保鮮盒，你會發現有很多保鮮盒雖然形狀不同，但其實容量是一樣的。想想自己真正的需求，狠下心丟掉重複、不需要的保鮮盒。

▶形狀雖然不一樣，但容量幾乎相同。基本上同樣容量的密閉容器，只要有一個就夠了。仔細考慮自己的使用狀況，丟掉不必要的容器。

蔬果室

根據蔬菜的大小和形狀，利用籃子分類

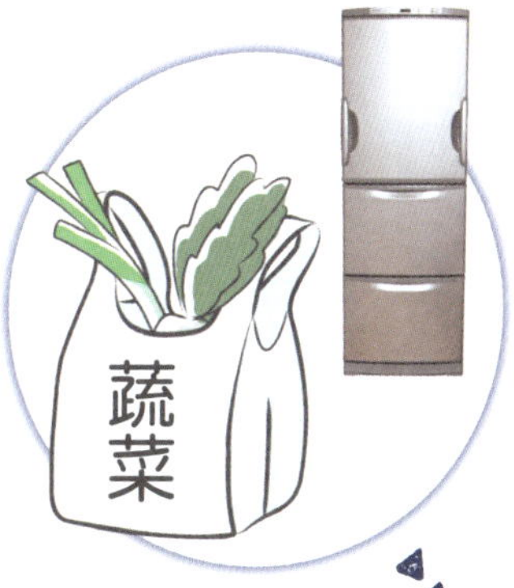

將大小或形狀都不相同的蔬菜收納在空間狹小的蔬果室是件不容易的事。首先根據蔬菜大小分上下層擺放，再利用籃子分類，蔬果室也可以擺放整齊。

STOCK

用籃子分類
只要在蔬果室的中央放一個籃子，就可以隔出三個空間做分類。

用到一半的蔬果
規畫一個空間專門擺放用到一半的蔬果。可以放到塑膠容器內收納。

長型蔬菜
用籃子或書架隔出一個空間專門擺放長型蔬菜。

白菜、高麗菜等大型蔬菜放進籃子擺放在蔬果室的最後面位置。

- 蔬果室的前半部可以用檔案夾分類。
- 葉菜類蔬菜和中長型蔬菜直立擺放。
- 空隙地方可以放入寶特瓶，用來收納黃瓜等蔬菜。
- 也可以使用書架或寶特瓶當作隔間。

蔬果室的分區

上段
中等大小的蔬菜 
長型蔬菜

▲中等大小的蔬菜與水果統一放進籃子再擺放在蔬果室上層的固定位置。用一半的蔬菜也統一放進抽屜裡收納。蔥等長型蔬菜則固定放在抽屜的最前面。

▲有上下段之分的蔬果室。現在的冰箱大多都是這樣的設計。

下段
大型蔬菜 
葉菜類蔬菜　可以直立擺放的蔬菜

▲上段抽屜推進去就可以擺放大型蔬菜。

IN

中等大小的蔬菜
青椒　蔬菜　水果　橘子　檸檬

長型蔬菜
蔥

大型蔬菜
白菜　高麗菜

葉菜類蔬菜
萵苣　菠菜

可以直立擺放的蔬菜
白蘿蔔　芹菜

冷凍庫

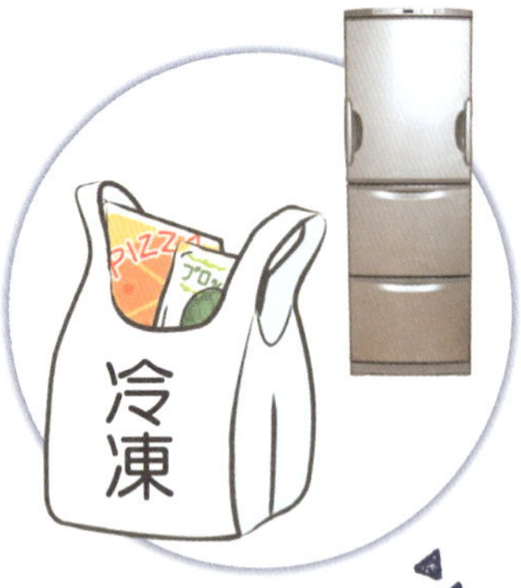

依照形狀將冷凍食品分類

買回來的冷凍食品放進冷凍庫時，依照包裝盒的大小分類，會比較容易整理。

新買回來的冷凍食品放到冷凍庫的最裡面是收納的基本原則。另外，也可以在冷凍庫中放進籃子，遵守有空位再補貨的原則，就可以避免購買過多東西。

冷凍庫的分區

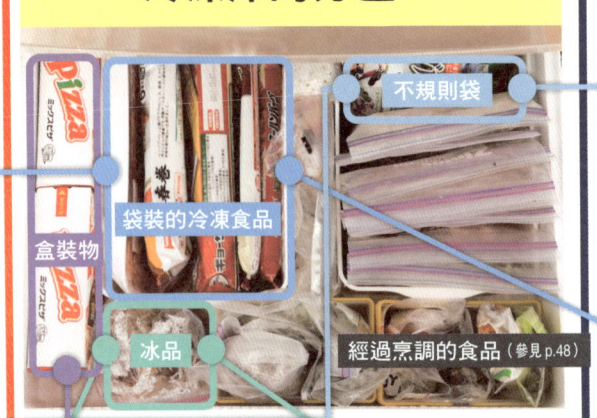

STOCK

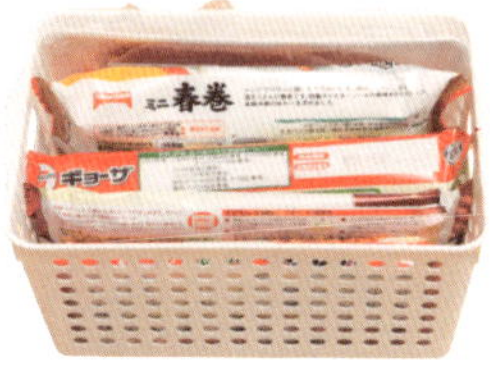

- 袋裝的冷凍食品可以放到籃子內收納。
- 袋子大小不規則的冷凍食品放進另一個籃子裡收納。 
- 冰棒取出放到夾鏈袋中就可以節省空間。可以將拉鍊部分反折方便拿取。 

烹調過的食品

盒裝的冷凍食品

雖然最近盒裝的冷凍食品已經不常見，有的話可以直立放到冷凍庫的最裡面收納。

▲有上下段之分的蔬果室。現在的冰箱大多都是這樣的設計。

盒裝物／袋裝的冷凍食品／冰品／不規則袋／經過烹調的食品（參見p.48）

IN

不規則大小的袋子：花椰菜、藍莓

袋裝的冷凍食品：餃子、春卷

冰品：冰棒

POINT

適合買回來後立刻冷凍保存的蔬菜

花椰菜、四季豆、菠菜、蘆筍

占空間且容易腐壞的蔬菜，買回來後可先川燙，然後放到夾鏈袋冷凍。熬湯、煮味噌湯或是炒青菜時可直接使用，節省烹調時間。菠菜、四季豆、花椰菜及蘆筍等是適合買回來立刻冷凍保存的蔬菜。

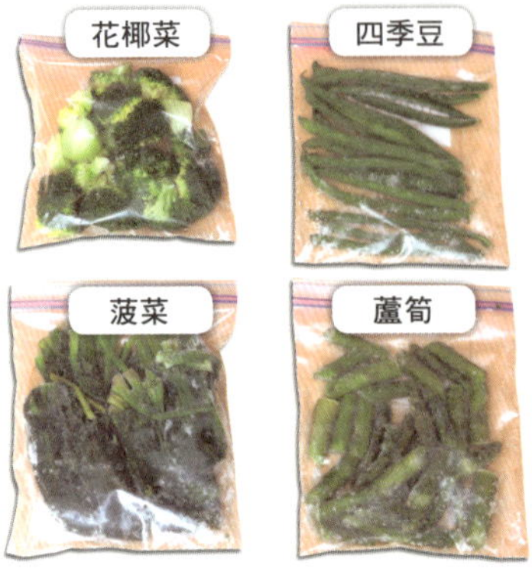

38

儲藏室

收納在貼有標籤的籃子

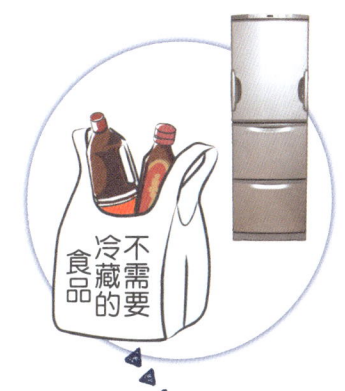

收納存貨時可以參考超市的商品陳列方式，善用籃子，把東西收得清清爽爽。基本上是依照品項分類，但依照「袋子」或「盒子」等包裝收納，更可把東西收納整齊。另外，也可以嘗試將「有高度的食品」、「有重量的食品」、「占空間的食品」等體積大的食品集中放在一起。這些體積大的食品都放在最下層。在籃子上貼標籤，內容物就可以一目瞭然。

不需要冷藏的食品

STOCK

乾貨：集中放好。
調味料：將小罐調味料集中放好。
零食：集中放在同一個地方，取用時非常方便。

茶：容易到處散亂的茶包，只要統一放進籃子就不用擔心。

盒裝食品：即時包等盒裝食品統一放進籃子裡收好。
袋裝食品：麵粉等袋裝食品放進附有把手的籃子裡收納，方便拿取。

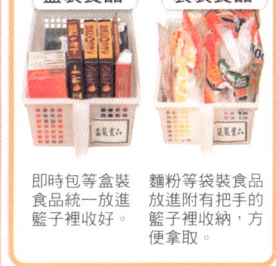

義大利麵：不小心就越買越多的義大利麵，注意不要超過籃子大小可以容納的量。

瓶罐：大型瓶罐放在最下層。
罐頭：罐頭很重，所以放在最下層。

有一次大量補貨習慣的人可以在櫃子下下方空出一個專門擺放的空間。

存貨的分區

依品項分類：乾貨、調味料、零食
依品項分類：米
依形狀大小分類：盒裝、袋裝
依高度或重量分類：瓶罐、罐頭

▲存貨的收納可以參考超市的商品陳列方式來分類，依種類放進不同籃子，並貼上標籤標明內容物。

挑選容器的方法

附輪子的籃子適合用來收納重的東西。使用大的籃子收納，拿取時較不方便，需特別留意。附把手的籃子在取用時也比較方便。

IN

依品項分類
- 乾貨：瓢瓜乾、羊栖菜
- 零食：糖果、洋芋片
- 調味料：燒肉醬、蠔油醬

依形狀大小分類
- 盒裝：咖哩即食包
- 袋裝：麵粉

依高度或重量分類
- 罐頭、醬油、味醂

POINT

存貨的擺放方式可以參考超市的陳列方式

超市的陳列架擺放整齊又清爽。超市的陳列架依照乾貨、調味料等「品項」，盒裝、袋裝、瓶裝等「形狀」，以及大瓶、中瓶、小瓶等「大小」分類。在家中收納時也可以參考超市的陳列方式，把屬於同種類的食品統一擺放整齊。

乾貨　調味料
義大利麵　零食

消費量的管理

掌握消費量是很重要的事！

只要正確掌握廚房用品的消費量，就不用擔心收納空間會不夠。讓我們一起學習管理消費量的技巧，把廚房收納得整整齊齊吧！

隨時確認存貨量！

你是否曾經在煮菜時突然發現「啊，醋沒了」？或是明明就還有存貨，卻因為東西在特價，不知不覺買了一大堆，占去廚房寶貴的收納空間？

廚房可以收納的空間有限。只要隨時掌握食材的消費量，就不用擔心買了一堆東西卻沒地方放，也可以減少浪費。

下面就為你介紹可以聰明掌握存貨量的管理方法。請大家參考。

存貨管理的原理

- 最多只買一個存貨
- 就算有多個存貨，也要等到存貨只剩一個時再去補貨
- 規畫好收納位置，購買數量決不可以超過收納空間

例如p.39的收納，各樣東西的數量不可以超過籃子可以收納的空間。

消費量的確認方法

■ **標明開始使用的日期**

開封後在寶特瓶的瓶蓋等明顯地方標明開始使用的日期。再根據使用完畢的日期判斷一樣東西大概要花多久時間可以用完。

■ **消費期間長的東西分批計算**

洗碗精等需要花很久時間才會用完。現在剩餘的量用奇異筆畫線標上日期，再根據用完總量1/3所需要的時間推算需要多久時間可以全部用完。

■ **用期間換算**

廚房紙巾等只要掌握一週內會用掉幾包，就可以換算用完一包大約需要多少時間。

掌握存貨量的確認表格

找個時間清點現在的存貨量，了解自己的購物傾向。

了解自己的購物傾向是「調味料用完了才買」，還是「調味料中，醬油經常打折，所以醬油的存貨量特別多」，調整日後採買的方式。

餐具相關用品	還剩一點點	還剩一個	還剩很多
洗碗精	☐	☐	☐
海綿	☐	☐	☐
漂白劑	☐	☐	☐
廚餘過濾網	☐	☐	☐

其他調味料	還剩一點點	還剩一個	還剩很多
麵粉	☐	☐	☐
麵包粉	☐	☐	☐
太白粉	☐	☐	☐
番茄醬	☐	☐	☐
美乃滋	☐	☐	☐

主要調味料	還剩一點點	還剩一個	還剩很多
醬油	☐	☐	☐
味醂	☐	☐	☐
酒	☐	☐	☐
沙拉油	☐	☐	☐
醋	☐	☐	☐
鹽	☐	☐	☐
砂糖	☐	☐	☐

POINT 買回來的東西在收納前的小技巧

就算嫌麻煩，如果可以在收好東西前花點功夫，之後的家事就會很輕鬆。

❶ 標明賞味期限

你是否曾經從收納櫃最後面翻出麵粉、麵包粉，卻不知道賞味期限，所以無法判斷這些東西到底還可不可以吃？其實有些包裝上找到字很小的賞味期限很麻煩，因此東西買回來，立刻用奇異筆寫上賞味期限，看的時候就一目瞭然。

❷ 標明開始使用的日期

賞味期限計算的是未開封的狀態，一旦開封，就算還沒超過賞味期限，食物也可能會腐壞。因此，用奇異筆標明開始使用的日期，有助於掌握平均會花多久時間用完該樣東西。

❸ 標明水煮的時間

義大利麵等麵類的水煮時間也用奇異筆標明，每次煮麵就不用特別確認水煮的時間，非常方便。

麵粉等東西買回來就用奇異筆標明賞味期限，開始用時再用奇異筆標明開封日期。

用奇異筆標明義大利麵的水煮時間，煮麵時一目瞭然，非常方便。

Part 4 食

烹飪

人每天都要吃飯，所以待在廚房的時間其實很長。
下面介紹一些小技巧，你可以重新審視廚房的收納和家事法，
讓「食」的時間更加舒適。

POINT

- 設計可以用完食材的菜單
- 重新思考切食材的方法和廚房小工具，節省烹調時間
- 乾貨全部一次泡開並一起烹煮，以節省時間
- 廢油的處理方法
- 收拾碗盤的方法讓洗碗更輕鬆
- 垃圾分類的方法讓家事更輕鬆
- 讓廚房家事更輕鬆的收納法

菜 單

用完食材不浪費的方法

如果採買食材時考慮到菜色的變化，就可以把食材用完，避免浪費。

從一樣食材變化出不同菜色

白菜、白蘿蔔和高麗菜等體積大的蔬菜，很容易在還沒使用完之前就腐壞了。同樣地，豆腐、蛋等很難一次就全部用掉的食材，一不小心就過了賞味期限。

如果採買食材時可考慮到菜色的變化，就可以把食材用完，避免浪費。

了解白蘿蔔的特性，將白蘿蔔全部用完

當你買了一整條白蘿蔔……

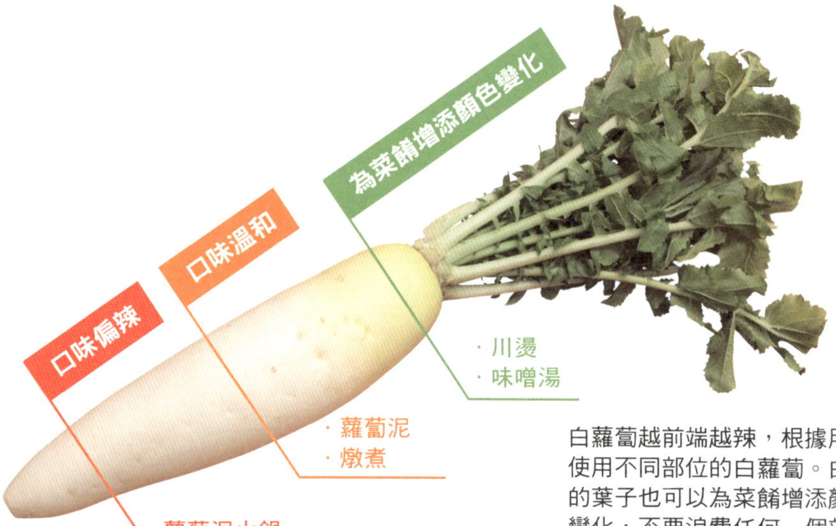

- 為菜餚增添顏色變化：川燙、味噌湯
- 口味溫和：蘿蔔泥、燉煮
- 口味偏辣：蘿蔔泥火鍋

白蘿蔔越前端越辣，根據用途，使用不同部位的白蘿蔔。白蘿蔔的葉子也可以為菜餚增添顏色的變化，不要浪費任何一個部位。

從一樣食材變化出不同菜色

◆ 以烹調法為出發點設計

生吃	水煮	油炒	蒸
蘿蔔泥	鰤魚燉蘿蔔	蘿蔔葉炒蛋	蒸蘿蔔

◆ 以菜單種類為出發點設計

主菜	湯	沙拉	配菜
鰤魚燉蘿蔔	蘿蔔味噌湯	蘿蔔沙拉	肉燥蘿蔔

設計菜色時，一般都會從放在餐桌上的菜單種類為出發點思考，但以食材的烹調法來設計菜單也是不錯的選擇。

不是吃剩的食物，而是「留下備用」的食物

「吃剩的食物」聽起來就不是很美味。食物不小心煮太多，隔天馬上又出現在餐桌上，不是件受歡迎的事。這些吃剩的食物可以留下來備用，幾天後再吃。

> 例如，不小心煮了太多馬鈴薯燉肉…

第一天｜當成主菜
刻意多煮一些，留一些隔幾天再吃，是省時的技巧。

多餘的食物｜裝進密閉容器放進冰箱保存

第三天｜當成配菜
羊栖菜、炒胡蘿蔔牛蒡絲、筑前煮、普羅旺斯燉菜等，也可以放進保鮮室保存。等到第三天再拿出來當配菜吃，就不用煩惱要做什麼配菜了。

設計菜單的技巧

列出一週的菜單！

只要遵循「用光食材」和「多餘主菜當配菜吃」兩個技巧，一週菜單很快就可以搞定。這個時候，只要把設計好的菜單寫到以週為單位的行事曆中，再貼在冰箱上，就非常方便。

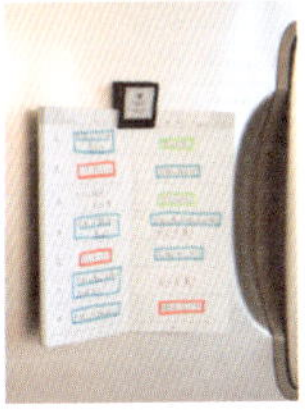

▲一週菜單寫在行事曆上

	主菜	配菜
一	鰤魚燉白蘿蔔	炒胡蘿蔔牛蒡絲
二	三色蓋飯	白蘿蔔味噌湯
三	燴鱈魚	炒胡蘿蔔牛蒡絲 / 味噌醃白蘿蔔葉
四	白蘿蔔燉雞肉	調味羊栖菜
五	蛋包飯	白蘿蔔沙拉
六	白蘿蔔葉炒豆腐	調味羊栖菜
日	蛤蠣義大利麵	蛋花湯

買了一整條白蘿蔔
① 每隔一天就設計一道以白蘿蔔為主的主菜
② 白蘿蔔配菜菜單寫在主菜沒有用到白蘿蔔的日子

買了蛋
③ 設計使用蛋的主菜和配菜

④ 填寫常備菜（煮好的第三天再拿出來當配菜吃）

43

烹飪

輕鬆烹飪法

只要稍微調整一下烹飪法就可以省下很多時間。節省每天的烹調時間，提升做家事的效率。

乾貨全部一次泡開並一起烹煮來節省時間

使用乾貨烹調的菜餚湯頭甜美，但需要時間泡開乾貨，沒時間的人多半會放棄使用乾貨。然而，只要一次全部泡開，將烹調好的菜餚分裝冷凍，就可以提升效率。

例如「羊栖菜」…

用完一整包羊栖菜

1 裝在袋子裡的乾貨一次用完。如果用了半包剩下半包，保存又會是一大問題。不小心忘記的話，東西又容易過期。

2 一整包全部泡開
不論是一包或半包，泡開所需要的時間是一樣的。

3 一整包一次烹調
泡開的羊栖菜用熬煮或炒的方式一次全部烹煮。一次煮這麼多看似很辛苦，但其實可以省下每次烹調都得重新備料的麻煩。

主菜
當作主菜。

↓

剩菜冷藏或分裝後冷凍保存
當天吃剩的主菜冷藏後可以當作隔天的配菜。剩下的也可以分裝冷凍保存。

↓

配菜
冷藏保存的剩菜可以當作隔天的配菜。冷凍的剩菜也可以幾天再拿出來當配菜吃。如此就可以省下每餐都得做配菜的麻煩，非常省時。

其他炒青菜或炒肉等菜餚，也可以多煮一點，將多餘食物冷凍保存，日後可以用來當作炒麵或拉麵的配料，非常方便。

日後當作炒麵或拉麵的配料　　多的炒青菜冷凍保存

收納小撇步

收納乾貨的小技巧

「乾貨」種類非常多，可依照「羊栖菜」、「芝麻」、「瓢瓜乾」等不同種類放進透明夾中收納。

另外，根據種類貼上標籤，並用夾子夾好。如此一來，什麼乾貨放在什麼地方，馬上一目了然，使用起來非常方便。還沒有開封的乾貨可以塞在透明夾的中央部位。

在籃子上標明「乾貨」，並將整理好的透明夾放進籃子內，再放到食品櫃中收納，就不用擔心東西亂七八糟找不到。

收納方法 & 位置
乾貨分類好放進透明文件夾收納。

整理好的乾貨統一放到籃子裡。

從切菜的方法讓家事更輕鬆

平常切菜都不會多想,但只要稍微改變切菜方式,就可以節省許多做家事的時間。

青菜

青椒

1 青椒統一一個方向放在砧板上,從右到左對半剖開。

2 取出籽後統一翻面。

3 從右到左切成細絲。

洋蔥

1 連皮對半剖開。

2 剖半後再剝皮會比較好剝。

番茄

熟透軟嫩的番茄,找到較硬的地方再下刀會比較好切。

其他

培根

1 包裝袋撕開一半後對切。

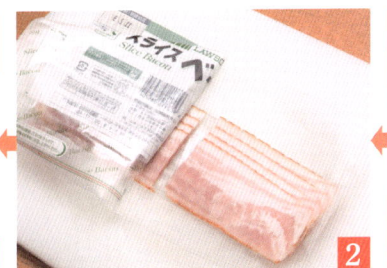

2 取出要使用的部分備用。

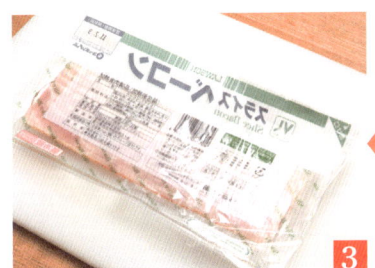

3 剩下的部分連同包裝袋用保鮮膜包好。

培根等長型包裝的食物比較不容易取出,可以事先對半切開備用,使用起來就很方便。

肉

切完肉的砧板容易沾黏,不好清洗,可善用包肉的保鮮膜,清洗起來就很方便。切肉前,只要將裝有肉類的盒子反過來放在砧板上,再打開保鮮膜即可。在保鮮膜上切肉,就不用擔心砧板弄髒,很難清洗。

連同保鮮膜一起放在砧板上切。

土司

土司側面靠近底部的部分比較硬,也比較好切。

從土司的側面找到較硬的地方再用刀子切片。

廚房用具

善用廚房用具節省做家事的時間！

只要下點功夫在刨刀、剪刀等廚房用具，每天煮飯也可以很輕鬆！

刨刀

胡蘿蔔削皮

削胡蘿蔔時，分上下兩段削皮最有效率。

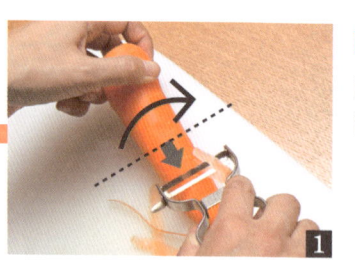

1. 胡蘿蔔打橫，尾端朝右，從中央向右削皮。 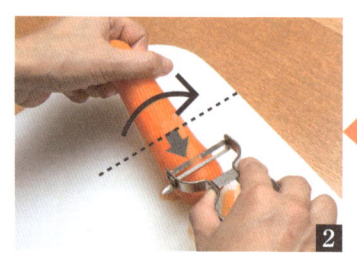
2. 左右交替。抓住胡蘿蔔的尾端微微上提，邊轉動胡蘿蔔邊削皮。

削掉白蘿蔔的稜角

白蘿蔔切段後削皮，握住刨刀，轉動白蘿蔔。

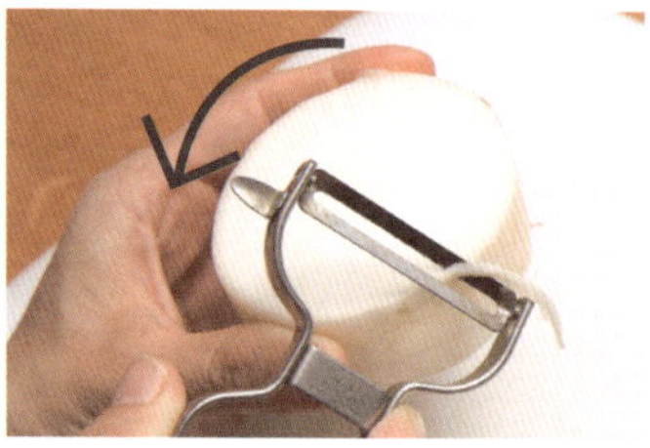

▲刨刀與白蘿蔔成45度角，轉動白蘿蔔。另外一面也用同樣方式削掉白蘿蔔的稜角。

濾茶器

濾茶器放到裝有麵粉的容器中，使用起來非常方便。用完直接收在裝麵粉的容器內，也不用煩惱收納的地方。

▲可以當湯匙使用，又有過篩的功能。

廚房剪刀

去除花枝的吸盤

剪刀打橫，剪掉花枝的吸盤部分。

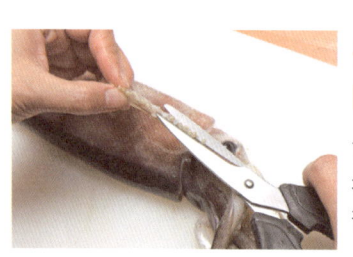

▲滑動剪刀剪斷吸盤。

去筋

剪刀與肉類成直角，剪斷肉類的筋部。

▲廚房剪刀與肉類成直角剪，只會剪斷筋部而不會傷到肉的品質。

收納小撇步

廚房工具收納在什麼地方才好呢？

希望立即取用的廚房工具可以放在最方便拿取的地方。經常使用的廚房剪刀和刨刀等放在距離料理檯面最近的第一格抽屜。抽屜則根據「最常使用的工具」和「不常使用的工具」分類擺放。

砂糖、鹽及麵粉等粉類，可以放在流理台上方的吊櫃裡。鍋子和濾水器等與水有關的工具，則可放在流理台下方容易拿取的地方。

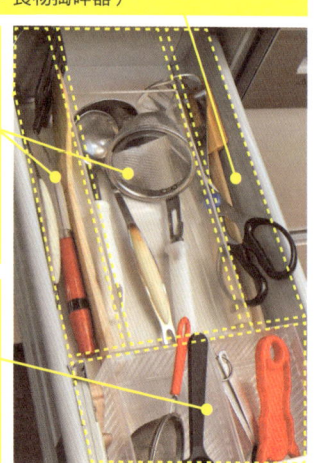

▲濾茶器放到裝有麵粉的容器，統一放在吊櫃。

▲與水相關的工具收在流理台下方的櫃子。

- 備料的工具（廚房剪刀、橡皮刮刀、食物搗碎器）
- 加熱時會用到的工具（湯瓢、鏟子）
- 常用的工具（刨刀、量匙）

46

計量＆調味料

在計量和調味料上下功夫，讓家事更輕鬆！

你是不是也覺得食材和調味料的計量很麻煩？如果每天的計量可以輕鬆一點，做起菜來一定可以事半功倍。

用擠瓶簡單計量

醬油、味醂、酒等需要經常計量的調味料，只要裝入擠瓶內就可以節省計量時間。用大拇指按上方的圓形擠壓處，擠出來的量約 2 小匙。壓下方的圓形擠壓處，擠出來的量約 1 大匙。

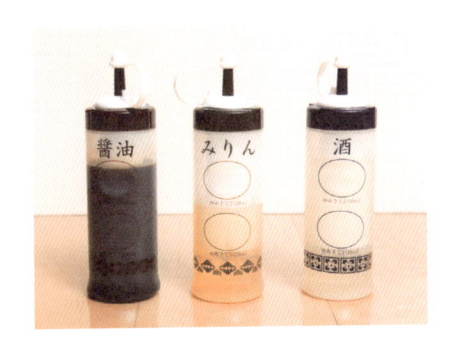

煮飯的正確水量

米飯要煮得好吃，水量是重要關鍵。然而就算是照煮飯器的水量標準，也不見得可以煮出好吃的飯。煮飯的水是米容量的 1.2 倍。也就是說，一杯米（180cc）需要 216cc 的水，相當於一杯水（200cc）加一大匙（15cc）的量。如果是三杯米，就需要三杯加三大匙的水。只要使用正確的工具計量，就可以煮出好吃的飯。

3 杯水 ＋ 3 大匙 ＝ 3 杯米

用保冷劑讓食物降溫

蒸茄子等烹調過程中需要急速降溫的料理，只要將保冷劑統一放入夾鏈袋，使用起來就非常方便。

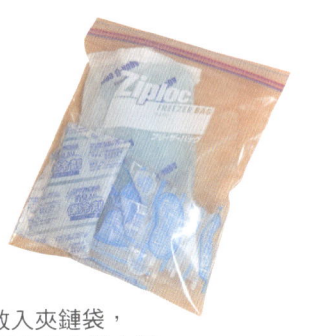

▲保冷劑放入夾鏈袋，用來降溫食物非常方便。

醬料調味料內放一根湯匙

豆瓣醬和味素等醬料中可放一根冰淇淋用的小湯匙，使用起來非常方便。

▲湯匙放到容器內，打開馬上就可使用，也可省去洗湯匙的麻煩。

收納小撇步：米要放在哪裡才好呢？

最近常有人說，應該把米放在冰箱冷藏收納。把米放進冰箱冷藏可以保存米的風味。如果冰箱沒有擺放空間，也可以把米放在食物櫃保存。裝米的容器有直立式和橫式等各種大小，可以選擇最適合自己收納空間的容器。

另外，也有人建議把米放在流理台下方收納，但比較潮濕，所以並不推薦。不過，如果考慮使用方便和收納空間，只能將米收在流理台下方，可以將少量的 2 公斤米放進密閉容器，再放到流理台下方收納。

▲食品櫃裡
▲冰箱內  
▲流理台下方

冷凍調理食品

掌握調理食品的冷凍技巧，讓家事更輕鬆！

只要將調理過的食品冷凍，不但可以增加菜色的變化，也可以節省做家事的時間。讓我們一起學習調理食品的冷凍技巧，讓家事更輕鬆。

冷凍保存解凍後馬上可使用的調理食品

冷凍保存處理好的食品，是讓家事更輕鬆的祕訣之一。冷凍時只要根據食物的大小或餘量分類，冷凍庫就不會亂七八糟。

冷凍技巧是善用各種大小的收納工具，配合食物的消費週期做好管理。只要懂得善用收納工具管理冷凍食品，冷凍庫不但能整齊有序，食物也可以有效率地運用在每天的烹飪之中。

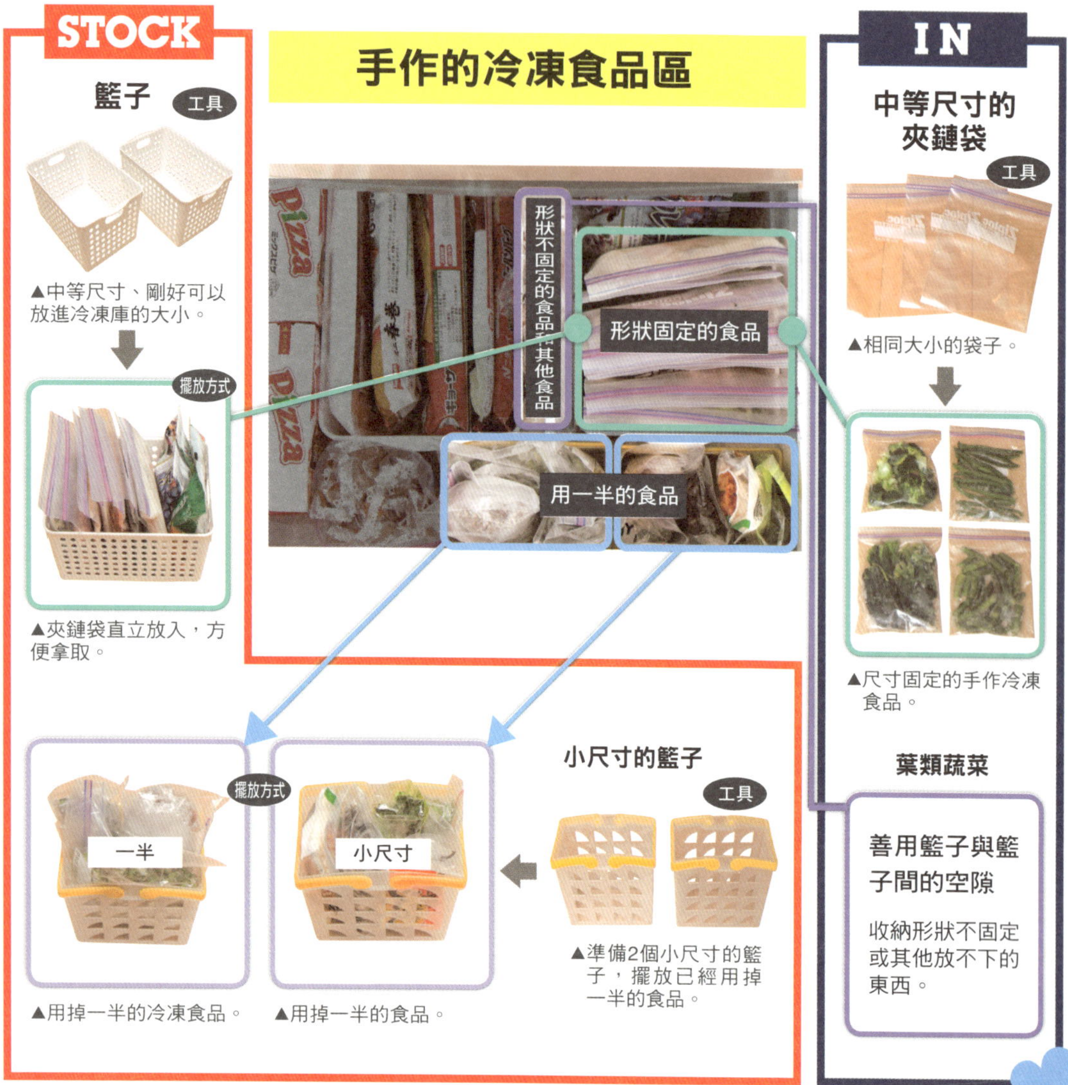

STOCK

籃子 工具

▲中等尺寸、剛好可以放進冷凍庫的大小。

擺放方式

▲夾鏈袋直立放入，方便拿取。

手作的冷凍食品區

- 形狀不固定的食品和其他食品
- 形狀固定的食品
- 用一半的食品

擺放方式

一半 / 小尺寸

▲用掉一半的冷凍食品。　▲用掉一半的食品。

IN

中等尺寸的夾鏈袋 工具

▲相同大小的袋子。

▲尺寸固定的手作冷凍食品。

葉類蔬菜

善用籃子與籃子間的空隙

收納形狀不固定或其他放不下的東西。

小尺寸的籃子 工具

▲準備2個小尺寸的籃子，擺放已經用掉一半的食品。

POINT 冷凍的技巧在於統一形狀大小

* 統一使用中等尺寸的夾鏈袋來冷凍食品。
* 量多的食品，可以分裝成兩袋中等尺寸的夾鏈袋。如果全部放進一個大尺寸的夾鏈袋，冷凍庫就會出現兩種不同尺寸的袋子，很難把東西擺放整齊。況且，當食材越剩越少，大袋子也比較占空間。
* 選擇可以剛剛好放得下中等尺寸夾鏈袋的籃子。
* 擺放夾鏈袋可以選擇縱向放入或橫向放入。如果是縱向放入，哪個袋子裝有什麼東西，馬上可以一目了然。如果是橫向放入，東西必須全部拿出來才知道什麼東西在哪個袋子，因此會建議縱向放入。

48

冷凍食品分為「調理區」、「用到一半區」、「購物區」

放冷凍食品可以根據食品的特性分類，收納起來也會很方便。例如「購物區」，就是專門擺放剛買回來的食品，主要是一些未開封的食品。

「調理區」擺放經過水煮等烹調後的食品，主要也是尚未開封的食品。

未開封食品放到冷凍庫裡面是基本技巧。已經開封且使用一半的食品，就不要與未開封的食品混在一起，可以擺在前方的「用到一半區」。

用到一半的食品，剩下的量越少，越容易找不到，因此「用到一半區」又可分為「還剩下一半以上」的區域和「剩下少量」的區域擺放。

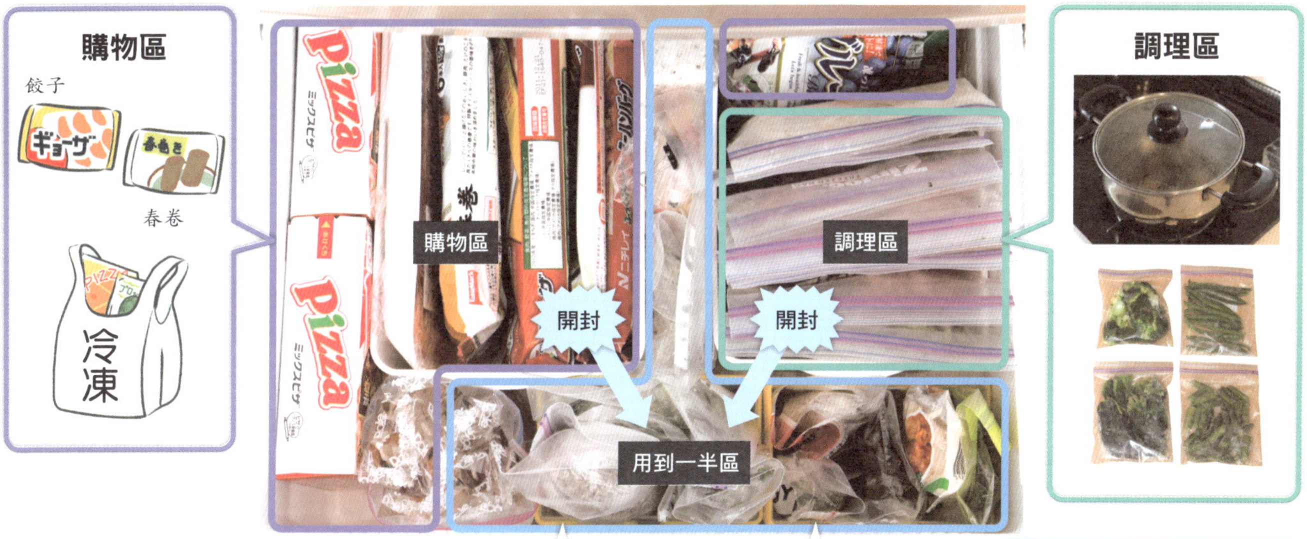

購物區
餃子
春卷
冷凍

購物區
開封 → 用到一半區
還剩下一半以上的食品 → 剩下少量的食品

調理區
開封

POINT 用到一半的食品放在冷凍庫的最前方。先從這一區的食品開始使用。

只要是開封或使用過的食品，就移到左邊的籃子

A ▲剩下一半的冷凍秋葵。
B ▲夾鏈袋對摺。
C ▲放到小籃子裡。

剩下少量的食品再移到右方的籃子

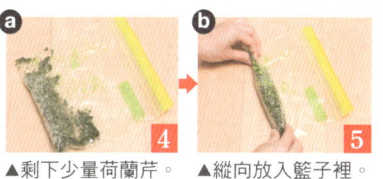

a ▲剩下少量荷蘭芹。
b ▲縱向放入籃子裡。

小常識

高湯也可以裝到夾鏈袋內冷凍保存

很多家庭都會把高湯倒進製冰盒內冷凍保存。但這種做法不但麻煩，且不見得放得下，製冰盒還容易有異味。冷凍高湯只要使用夾鏈袋就沒有這些問題。

用柴魚熬高湯，一次就把一包柴魚用完。加入柴魚1/2至1/3量的水熬出濃縮液。熬出來的高湯分裝至幾個同樣大小的夾鏈袋中冷凍保存。使用時，只要將高湯加水還原，馬上就有熱騰騰的高湯可以使用。用來煮湯或熬煮其他菜餚都很方便，也很節省時間。

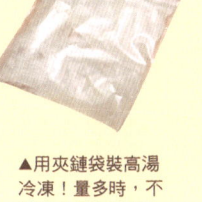

▲用夾鏈袋裝高湯冷凍！量多時，不要用大的夾鏈袋，而是分裝成兩個中等尺寸的夾鏈袋。

*「勾芡」也可以冷凍！

和高湯一樣，熬煮東西時剩下的湯汁，只要加入太白粉勾芡後冷凍，之後就可以淋在炒飯上變成燴飯。或者在炒青菜的時候加入，就不用另外勾芡，非常節省時間。

▲在袋子中間放竹筷當隔間，方便取出。

49

油炸物

只要換個角度想，油炸物也可以這麼輕鬆！

又油又膩的油炸物，一想到善後收拾就令人卻步。

不過，只要知道油炸物的一些小技巧，整個過程也可以很輕鬆，不禁讓人想一做再做。

廢油的處理方式

油炸完畢，總會剩下很多麵糊。
只要善用這些麵糊，就可以把廢油清理得乾乾淨淨。

1 剩下的油過濾裝進油桶內
▲在過濾網上鋪上棉紙，將油過濾乾淨。 

2 麵糊放進油鍋裡加熱
▲一口氣全部倒進去 

3 呈現丸子狀
▲麵粉會吸收油脂，將油鍋清理乾淨。 

4 用湯勺把麵團舀起來丟掉
▲小心不要沾到水，丟進裝廚餘的塑膠袋內。 

小常識　廢油要如何處理？

牛奶盒

可使用廢油凝固劑或廢油吸收劑來處理。不過，一些隨手可得的東西也可以用來處理廢油。例如，利用不要的毛巾或衣服剪成小片塞進牛奶盒裡，將廢油倒進去，如此一來，布料就會吸收油脂，最後再用封箱膠帶封緊後丟進裝廚餘的塑膠袋即可。

1 不要的毛巾塞進牛奶盒。
2 油倒進塞滿毛巾的牛奶盒。
3 用封箱膠帶封緊。

市售的廢油凝固劑

可以把廢油凝固的「廢油凝固劑」▶

＊各地方政府對於廢油的處理有不同的規定，敬請留意。

50

油炸用品的收納

油炸和清炒都會用到油，把相關用品收納在同一個地方，用起來也比較方便。調味料再統一放在另外一個地方。取出時，為了避免油桶傾倒，可以先放進籃子再放到櫃子收納。

▲取出時為了避免油桶傾倒，可以放到籃子裡。籃子底部鋪上報紙，可以避免弄髒櫃子。

▲所有油統一放在盤子上再收進櫃子，就不會把櫃子弄髒。

瓦斯爐下方有抽屜的話

沙拉油、芝麻油和油桶等放進塑膠籃子再收納，與其他用具區隔開來。

瓦斯爐下方有雙門櫃的話

為了避免弄髒櫃子，沙拉油、芝麻油、橄欖油和油桶放在盤子上再收進櫃子。

小幫手

要使用什麼樣的天婦羅炸鍋、油桶、料理盤呢？

只要重新檢視油炸工具的功能，油炸也可以很輕鬆。

天婦羅炸鍋

深度較深的鐵鍋比較可以維持一定的油溫。市面上的天婦羅炸鍋有各種大小和形狀，有專門用來做便當或小菜用的小型炸鍋，也有桌上型的炸鍋。最近有人會用較深的中華炒菜鍋來代替天婦羅炸鍋，也有人用平底鍋以最少的油來煎炸食物。不用天婦羅炸鍋同樣也可以油炸出好菜。

油桶

油桶可以用來保存油炸後剩下的食用油，建議用深度較深的器皿裝油。這個器皿同時也是過濾器，一次就可以過濾大量的油。過濾時，可以在過濾的器皿中鋪上過濾紙，過濾細小的殘渣，延長油的壽命。

料理盤

油炸食物時專門用來裝麵粉或麵包粉的盤子，最大的缺點是占空間。可以用塑膠製的保鮮盒代替，就不用多購買一個工具。沾麵包粉之前，可以先把蓋子蓋起來搖一搖，便可以得到與裝在塑膠袋內同樣的效果。

▲可以用塑膠保鮮盒替代。

▲鋪上過濾紙可以過濾細小殘渣。

▲用深度較深的器皿裝油。

▲各式各樣的天婦羅炸鍋。

碗盤

重新檢視收拾和清洗碗盤的方式，讓家事更輕鬆！

吃完飯的清潔工作也是料理的一環。每天餐後必做的收拾和清洗碗盤，只要花點巧思，就可以這麼輕鬆。

收拾餐具的方式

飯後，您是不是也因為碗盤油膩膩而不知該從何收拾呢？這時候，只要將廚餘的過濾袋套在碗上拿到餐桌上，再把菜渣倒進去，即可解決你的煩惱。

【需要的工具】
* 小碗（沒有的話，小的湯碗也可以）
* 廚餘過濾袋
* 橡皮刮刀
* 洗碗盆

小碗放在餐桌的中央，洗碗盆放在餐桌的邊緣

1 小碗放在餐桌的中央
▲如果沒有小碗，也可以用湯碗代替。 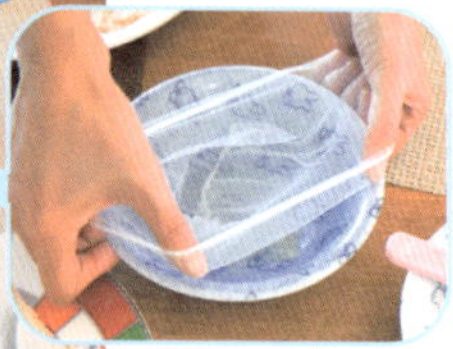

洗碗盆放在餐桌的邊緣

POINT 用不要的布擦拭油膩的碗盤，擦完後丟到碗裡。可以把不要的布放進衛生紙盒，放在餐桌上備用。

2 餐具統一放進杯子裡 
▲筷子、刀叉等餐具統一放到杯子裡。首先將餐具收拾乾淨，便可以更有效率地將剩下的碗盤收到洗碗盆裡。

3 用不要的布去除碗盤上的油膩

4 用橡皮刮刀將菜渣倒進碗裡

5 剩下的湯汁也一起倒進去

碗盤放到洗碗盆裡

6 餐具統一放入杯子裡　菜渣　碗盤量多的時候可以疊起來
▲用布去除碗盤的油漬和菜渣後放入洗碗盆裡。把小盤子和小碗翻過來放會比較穩。大的盤子可以直立放進盆子裡。如果放不下，可以把碗盤堆疊起來。餐具放進杯子裡後再放到洗碗盆。

7 擠乾廚餘濾網中的水分 
▲在流理台擠乾廚餘濾網中的水分，抑制細菌滋生。

8 丟掉廚餘 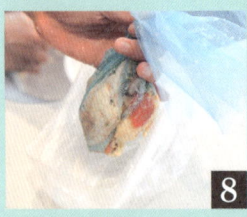
▲把廚餘裝進塑膠袋內丟掉。

52

清洗碗盤的方式

輕鬆洗碗盤的祕訣在於先浸泡碗盤。利用洗碗盆浸泡碗盤，並有效利用浸泡的時間。

沖掉洗碗精 ④
▲在水槽裡把洗碗精沖乾淨。

在洗碗盆裡加水和洗碗精 ①
▲先加洗碗精和水讓洗碗精起泡。

沖水到洗碗盆裡，把碗沖乾淨 ⑤
▲用海綿把碗盤沖洗乾淨。把水灌進洗碗盆裡，可以沖掉泡沫，增進洗碗效率。

浸泡10分鐘 ②
▲小盤子和小碗翻過來放，大盤子則直立放進盆子。中途記得更換碗盤的位置。漸漸地，油污就會浮上來。

▲有效利用浸泡的10分鐘，把瓦斯爐擦拭乾淨。

③
▲浸泡時，洗碗盆放在流理台邊緣，就不會占位置。體積小的洗碗盆可以直接放在水槽內。

COLUMN

什麼樣的洗碗盆比較好用呢？

可以用來浸泡碗盤的洗碗盆比較好用。許多人家裡都沒有洗碗盆這種東西，但這是有助節省洗碗時間的利器，可以考慮添購。

O型或D型的洗碗盆是主流，但O型的洗碗盆比較多死角，也比較不適合放體積大的碗盤。D型的洗碗盆與水槽的形狀比較契合，不過多少還是會有死角。

比較建議使用的是橢圓形的洗碗盆（如照片所示，參見p93）。只需放在水槽邊緣，不占空間又好用。

◀橢圓形的洗碗盆。

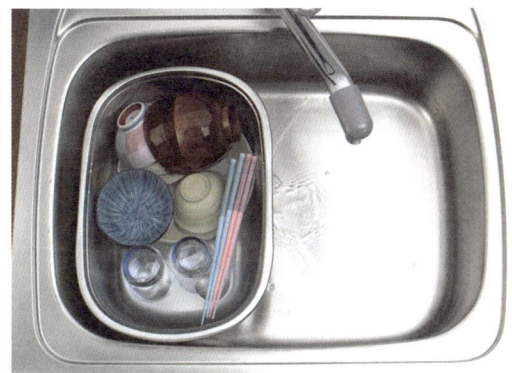

再也不需要使用三角廚餘桶！

很多家庭流理台的角落都會放一個三角廚餘桶。
然而，如果不定時處理，既會發臭，又會滋生細菌。
三角廚餘桶容易弄髒，清洗起來也很麻煩。
從今天開始，就跟三角廚餘桶說掰掰吧！

三角廚餘桶的替代品

有兩種方法可以不使用三角廚餘桶。
根據自己的個性選擇最適合自己的方式。

細心型

不怕麻煩的細心的人，
可以在容器內鋪上報紙和塑膠袋，
就可以阻擋惡臭外流。

1. 容器內鋪上報紙和塑膠袋，將廚餘直接丟進去。

▲使用表面光滑的容器（例如玻璃或不銹鋼），比較不容易沾染污垢，也比較容易清洗。

2. 廚餘用塑膠袋包好。

▲報紙會吸取廚餘中的水分。

3. 連同塑膠袋一起丟進垃圾袋。

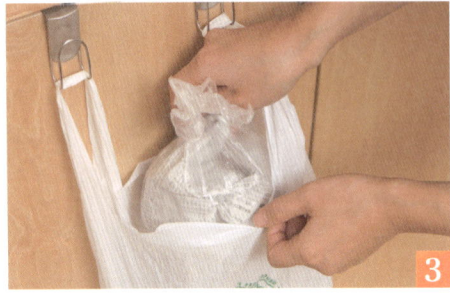

▲袋口綁緊後丟進垃圾袋。

怕麻煩型

適合不拘小節或怕麻煩的人。
只要使用小碗和濾網，
就可以輕鬆處理廚餘。

1. 在砧板旁準備一個小碗和濾網，把廚餘丟進去。

▲小心不要弄濕廚餘。

2. 每天晚上將廚餘丟到垃圾袋裡。

▶鉤子可掛在門上。

▲倒進垃圾袋時，可以利用鉤子把袋口撐開。

3. 把小碗和濾網與碗盤一起沖洗。

▲裝廚餘的碗也和其他碗盤一同清洗。

垃圾

簡單處理垃圾的方法

每天都會產生垃圾，只要在處理方法下點功夫，既衛生又方便，再也不用為垃圾煩惱。

小幫手 & 訣竅

利用垃圾分類的技巧讓家事更輕鬆

垃圾分類是很累人的事。市面上有許多幫助垃圾分類的工具，只要善用這些工具就可以讓家事更輕鬆。

垃圾分類後分別裝進小垃圾袋，再丟進大垃圾桶

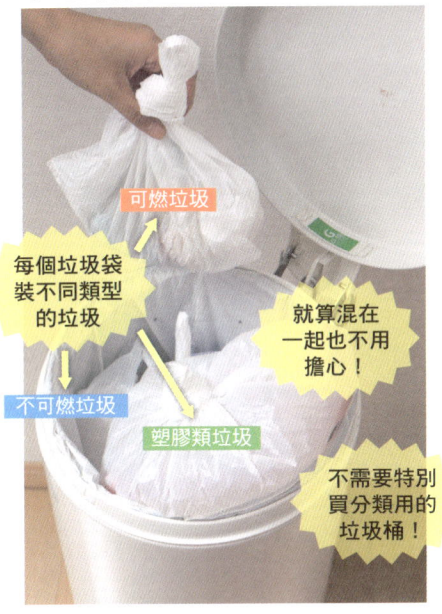

- 可燃垃圾
- 每個垃圾袋裝不同類型的垃圾
- 不可燃垃圾
- 塑膠類垃圾
- 就算混在一起也不用擔心！
- 不需要特別買分類用的垃圾桶！

▲垃圾分類後裝進不同的塑膠袋再放進大垃圾桶，就不用特別購買分類用的垃圾桶。

垃圾架

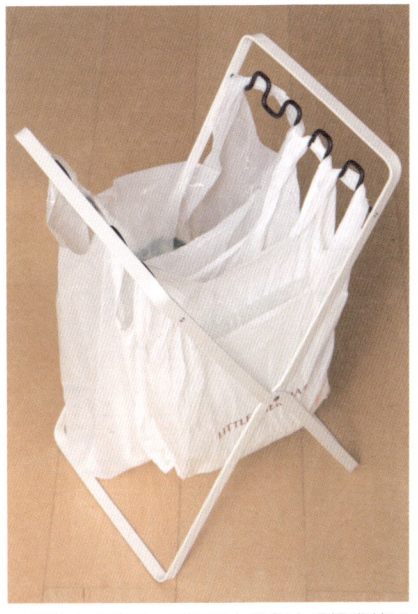

▲組裝方式簡單，只要掛上兩個大垃圾袋就可以做好垃圾分類（Plate，山崎實業）。或是同時可以掛上四個小垃圾袋進行分類。

夾子

▲幫助分類的夾子。

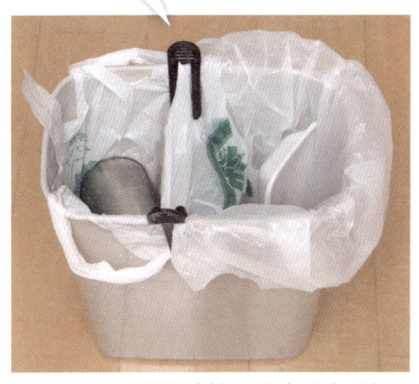

▲市售的夾子可以幫助劃分垃圾桶的空間進行分類。

寶特瓶

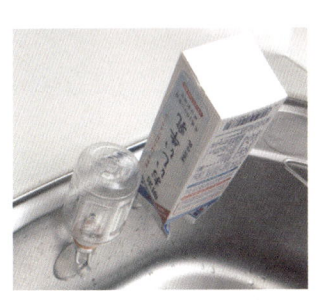

▲附有吸盤的鉤子，可以吸在流理台上（eKo Clip，新越金網），不占空間。

▲同時可以曬乾數個寶特瓶的專用架（mottai nice，貝印株式會社）。也可以撐開夾鏈袋曬乾，非常好用。曬乾之後立即收到塑膠袋內。

塑膠類垃圾

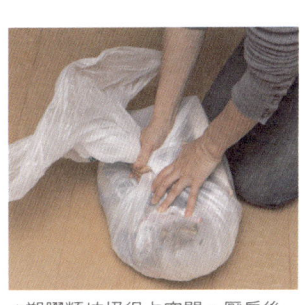

▲塑膠類垃圾很占空間，壓扁後再丟棄可以節省空間。

▲占空間的塑膠類垃圾。

這時候

垃圾袋放在垃圾桶底部

▲垃圾袋整疊放進垃圾桶底部，使用起來非常方便。

衛生紙盒

▲抽屜裡放兩個衛生紙盒，分別裝大和小的塑膠袋。

收納小撇步

用來垃圾分類的垃圾袋和塑膠袋的收納技巧

垃圾袋和塑膠袋其實很占空間，但只要在收納上下點功夫就可以解決這個問題。

冰箱門邊收納

用來擺放飲料和調味料的冰箱門邊收納區，
只要按照品項擺放，使用起來就非常方便。
使用頻率高的東西可以放在一打開冰箱門就可以拿取的地方。

← 經常使用　　　　　不常使用 →

取出冰箱內用來放蛋的架子。剪去蛋的包裝盒蓋子並疊在底部加強穩定度。直接將蛋連盒子一起放進冰箱門邊，收納起來非常方便。

醬料集中放在同一個地方。醬料裡可放一個塑膠小湯匙，方便使用。

飲料旁邊可以擺放一些經常使用的調味料，一打開冰箱門就可以取用。飲料後面一排的位置則可根據使用頻率排放整齊。

經常使用的東西

經常拿取的飲料可以放在門一打開的地方。

不常使用的調味料放在裡面一點。

冰箱

重點在於根據使用頻率劃分冰箱區域！

你是否常不知道東西到底在冰箱的哪個角落？只要遵循「經常使用的東西放在容易拿取的地方」這個原則，冰箱使用起來也可以很輕鬆。

Part 4 食 烹飪

Part 6 住 收拾與整理

56

冰箱

與人的視線同高的冰箱中段部分是最容易拿取的位置。
可以將吃剩的東西和必須盡快處理的東西放在冰箱中段位置。

← 不常使用　　　經常使用 →

越常使用的東西放在越靠近門邊的位置。

賞味期限長的東西（參見 p.36）

長期保存的東西（參見 p.36）

經常使用的東西

乳製品	賞味期限短的東西	容易腐壞的東西
麵包相關食品	日式食品	吃剩的東西

魚・肉・加工食品（參見 p.36）

↑ 不常使用　　↓ 經常使用

乳製品統一放在同一個籃子裡。

吃麵包會用到的果醬等也統一放在同一個籃子裡。

日式食品也統一放在同一個籃子裡。吃剩的東西連同碗盤一起放進冰箱，非常占空間，所以可以放進保鮮盒等密閉容器內。使用可以直接上桌的漂亮容器，使用起來非常方便。

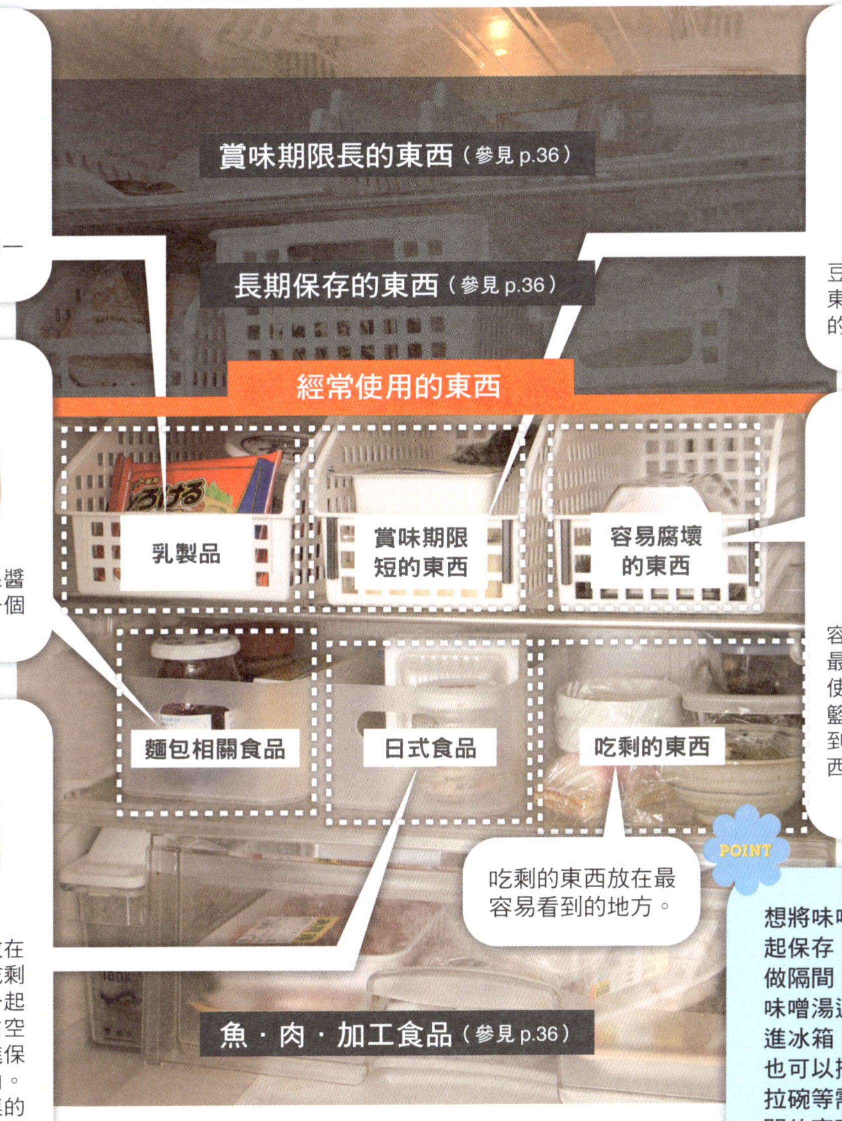

豆腐等消費期限短的東西放在最容易拿取的位置。

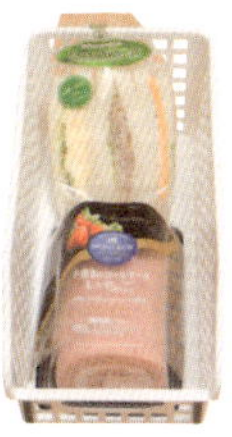

容易腐壞的東西放在最容易看到的位置。使用前方呈現斜角的籃子，既可以清楚看到籃子裡有什麼東西，又方便拿取。

吃剩的東西放在最容易看到的地方。

POINT
想將味噌湯連同鍋子一起保存，可以用書架當做隔間，將前一晚煮的味噌湯連同鍋子一起放進冰箱。隔出來的空間也可以擺放大蛋糕或沙拉碗等需要較大收納空間的東西。

小幫手

每天都會用到的味噌和優格等，有沒有什麼方便取用的好方法……

味噌和優格放進有把手的容器內，如此單手就可以輕易拿取！

用單手就可以拿取的調味料容器剛好可以放下味噌和優格！好好善用這些工具來解決你的煩惱吧！

▲優格也剛好放得下。

▲每天都會用到的味噌，如果單手就可以拿取，用起來會非常方便。味噌內放一根吃冰淇淋用的小湯匙，要用時馬上就用得到。

57

瓦斯爐下方

瓦斯爐下方基本上放的都是平底鍋等可以直接加熱的鍋子和油類、調味料等。

瓦斯爐下方有抽屜的話

- 油類也統一放進籃子裡收納，避免弄髒抽屜。
- 利用在百元商店買的檔案盒，將鍋子直立收納，既不占空間，使用起來也很方便。
- 牛奶盒剪成一半，把湯勺等放進去收納，方便拿取。
- 醬油、酒、味醂等每天都會用到的調味料統一放在一個地方收納。

瓦斯爐下方有雙門櫃的話

- 使用平底鍋專用的收納架，就不用把平底鍋疊起來，使用起來也較方便。
- 調味料統一放進書架內收納。
- 油桶和其他油類放在盤子上，避免弄髒櫃子。

廚房收納

只要花點功夫，廚房馬上變得整齊又好用！

廚房是每天都會使用到的地方。只要在整理上花點功夫，廚房馬上變得整齊又好用。你的廚藝搞不好也會更厲害?!

客服專線：0800-221029　傳真：02-86671065
部落格：http://sinomuses.pixnet.net/blog
電子信箱：m.muses@bookrep.com.tw

請沿虛線對折寄回

| 廣　告　回　函 |
| 板橋郵局登記證 |
| 板橋廣字第10號 |
| 信　　函 |

23141
新北市新店區民權路108-3號6樓
遠足文化事業股份有限公司
繆思出版　收

請您費心填妥下列資料，直接郵遞（免貼郵票），即可成為繆思好友，
享有定期書訊與優惠禮遇。

感謝您購買：＿＿＿＿＿＿＿＿＿＿＿＿＿＿＿＿（請填書名）

姓名：＿＿＿＿＿＿＿ 性別：□F/女 □M/男 □X/其他

生日：＿＿ 年 ＿＿ 月 ＿＿日

職業：□學生 □服務業 □大眾傳播 □資訊業 □金融業 □自由業
　　　□教職員 □公務員 □軍警 □製造業 □其他：＿＿＿＿＿＿

連絡地址：□□□ ＿＿＿＿＿＿＿＿＿＿＿＿＿＿＿＿＿＿＿＿＿＿
連絡電話：（　）＿＿＿＿＿＿＿ E-mail：＿＿＿＿＿＿＿＿＿＿

■您從何處得知本書訊息？（可複選）
□實體書店 □網路書店 □BBS □報紙 □廣播 □雜誌
□繆思部落格 □共和國書訊 □其他：＿＿＿＿＿＿＿＿＿

■您通常以何種方式購書？（可複選）
□實體書店：＿＿＿＿＿＿＿＿＿＿ □網路書店：＿＿＿＿＿＿＿＿
□購物網站：＿＿＿＿＿＿＿＿＿＿ □郵購 □其他：＿＿＿＿＿＿

■您的閱讀習慣？（可複選）
文　學 □華文小說 □西洋文學 □日本文學 □古典文學 □當代文學
　　　　□歷史傳記 □恐怖靈異 □輕小說　□奇幻 □推理 □言情
非文學 □生態環境 □社會科學 □生活風格 □歷史人文
　　　　□藝術設計 □烘焙烹飪 □宗教 □旅遊 □其它：＿＿＿＿＿

■您期待我們未來出版哪一類的書籍或作者：＿＿＿＿＿＿＿＿＿＿

■您對本書的評價（請填代號：1.非常滿意 2.滿意 3.尚可 4.待改進）

　書名＿＿＿＿＿ 封面設計＿＿＿＿＿ 版面編排＿＿＿＿＿
　印刷 ＿＿＿＿＿ 內容＿＿＿＿＿　 整體評價＿＿＿＿＿

■您對本書或繆思出版的建議：

流理台下方

流理台下方基本上放的都是深鍋等需要用到水的鍋子和濾水籃等。

流理台下方有抽屜的話

如果抽屜較淺,可以把需要用到水的鍋子放在這裡收納。

鋼盆和濾水籃疊在一起擺放,使用起來非常方便。

流理台下方有雙門櫃的話

鍋蓋可以統一放進深度較淺的籃子內收納。

可以把三角廚餘桶、排水孔專用的濾網,以及塑膠袋等放進衛生紙盒,再貼在門邊收納。

使用可以調整幅度的流理台專用置物架(參見p.93),善用櫃子內的空間。另外,可以避開水管部分,增加收納空間。

可以將大型瓶裝東西平躺收納。

洗碗海綿和菜瓜布等統一放在塑膠籃內收納。

櫥櫃

讓餐具的收納變得更輕鬆！

餐具是每天一定會用到的東西。擺放餐具有一定的原則。下面將介紹使用方便的餐具收納法。

與廚具連在一起的櫥櫃

許多廚房都附有一些廚櫃，很多人都會把餐具放在這些廚櫃裡。餐具放在需要彎腰的下方櫥櫃時，有一些小技巧可以供作參考。

經常使用的東西
首先，將經常使用的東西放在與腰部同高的櫃子最上層。可以利用餐具專用的收納架收納，既可以將餐具分類，也非常容易拿取。如果僅是將餐具疊在一起擺放，取出時會非常麻煩。

高度一樣的碗疊在一起。

專用的收納架。

不常使用的餐具和大盤子放在櫃子最下層。

體積大且不常使用的東西放在櫃子最下層。

典型的可移動型櫥櫃

如果使用一整個大型廚櫃，只要將經常使用的餐具放在最容易拿取的位置，使用起來就很方便。

- 招待客人或季節性的餐具
- 酒杯和茶具組等
- 大中小的盤子和不規則形的餐具
- 每天都會用到的碗和杯子
- 筷子等餐桌上的小物
- 烹調器具和大盤子等

- 最上方放的是很少用到的餐具
- 裝飾用的餐具也可以放在較高的位置
- 每天都會用到的餐具放在容易拿取的位置
- 經常用到的餐具集中放在同一個位置
- 筷子等餐具集中放在同一個位置
- 體積大的東西和重量重的東西放在櫃子最下方

COLUMN 廚房的動線

為了提高廚房工作的效率，首先必須考慮廚房的動線。以烹煮食物的調理台為廚房的中心，思考從調理台到流理台、冰箱、瓦斯爐、廚櫃的動線。

排除中間的障礙物，保持動線的順暢。這樣可以節省時間，也可以減輕在廚房做事的壓力。

▲以料理食物的調理台為廚房的中心。

廚房的中心

60

Part 5 住

收拾與整理

客廳和廁所的打掃工具分別放在容易拿取的地方，
隨時利用空閒時間打掃，讓家事更輕鬆。
學習收納這些工具的技巧，打造出可以輕鬆打掃的環境。

POINT

- 懂得髒污的原理，增進打掃的效率
- 打掃工具放在方便拿取的地方
- 利用空閒的 1、2 分鐘打掃部分地方
- 分類是收納的關鍵
- 善用自己做的打掃工具

打掃地板

知道灰塵為什麼會堆積，懂得吸塵器的使用方式，
每天麻煩的打掃工作也可以這麼輕鬆簡單。

重新檢視吸塵器的使用方式，讓家事更輕鬆！

打掃地板的家事輕鬆術

從空氣流通的角度思考，就不難理解為什麼灰塵容易堆積在角落。

每天只要用除塵紙拖把或滾筒沾黏拖把去除藏在角落的灰塵，就不用每天吸塵，一週數次即可，這樣可以節省不少麻煩。打掃工具放在容易拿取的地方，使用起來就很方便。

除塵紙拖把

每天

每天用除塵紙拖把打掃。

一開始就重疊多張除塵紙，髒了就丟掉，省下每次都要換紙的麻煩。也可以翻過來兩面使用。

滾筒式沾黏拖把

地毯和沙發等布製品，只要用滾筒沾黏拖把，每天打掃就很方便。
（參見p.94）

每天

吸塵器

偶爾

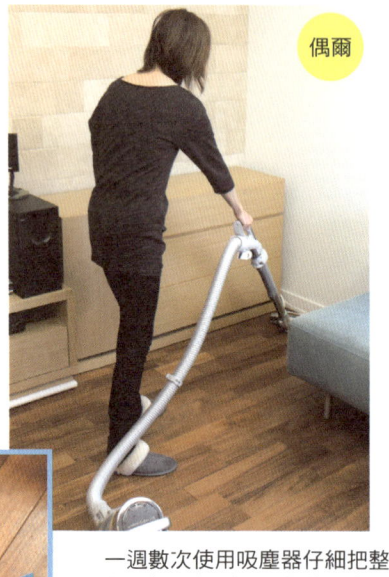

一週數次使用吸塵器仔細把整個地板吸乾淨。容易積灰塵的角落，只要用除塵紙拖把或滾筒沾黏拖把就可以輕鬆打掃乾淨。不要踩到掃好的地板，小心推拉吸塵器是打掃重點。

吸地時，保持吸塵器與地板的紋路平行，就不容易傷到地板。

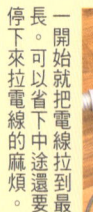

吸塵器的家事輕鬆術

使用吸塵器時，最討厭吸到一半電線不夠長，得停下來拉長電線，或換另一個插座。只要事前做好準備，就不必擔心發生這個問題。

● 電線的長度

一開始就把電線拉到最長。可以省下中途還要停下來拉電線的麻煩。

● 插座的位置

插頭插在電線可以到達的最遠位置。這樣就不必中途停下來換插座。

● 打掃階梯

打掃階梯時，吸頭縮到最短，方便使用。電線拉到最長，一手提著吸塵器，另一手從最下方的階梯開始往上吸。

善用延長線

電線不夠長而必須中途停下來換插座是件很麻煩的事。這時只要配合家中的大小使用延長線，中途不必停下來，一次就可以把家裡打掃乾淨。

1 延長線捲成一個圓圈。

2 吸塵器的插頭插在延長線上，再用雙面魔鬼氈將延長線綁緊（綁在吸塵器把手上也可以）。

3 最後再把延長線塞在吸塵器把手下方收納。

打掃工具的收納技巧

收納小撇步

隨時都可使用的打掃小工具放在有把手的袋子裡，使用起來非常方便。裝有小工具的袋子放在隨手可以拿到的地方，隨時利用空閒的1、2分鐘就可以輕鬆打掃。

收納包
附有把手，方便手提。照片是無印良品的棉質托特包。

超細纖維抹布
用來擦拭櫃子上的灰塵。把寶特瓶剪一半，抹布放進去收納。

迷你畚箕和掃把
用來打掃桌子或沙發上的灰塵。

除塵撢
可以去除櫃子、細縫及收音機等凹凸不平地方的灰塵。直立收納，不占空間。

除菌噴霧
室內用。想到的時候隨時可以使用。

工具包
一些可以去除髒污的小工具集中放到工具包內。需要時，可以一手拿著包包，一手取出工具打掃。

▶打掃工具直立放進收納包，放在室內容易拿取的地方。

▶在百元商店買冰箱保鮮室專用的收納盒放進收納包，可以當作隔間使用，非常方便。

COLUMN 認識灰塵堆積的原理

灰塵不論怎麼掃，都不會消失。其實灰塵與空氣的流通有很大關係。

漂浮在空氣中的灰塵，只要人不在室內，或是空氣流通不好，掉在地板上。另外，灰塵也會隨著氣流撞到牆壁或家具，順勢落下。只要了解這個原理，把打掃的重點放在容易堆積灰塵的地方，就可以增進打掃效率。

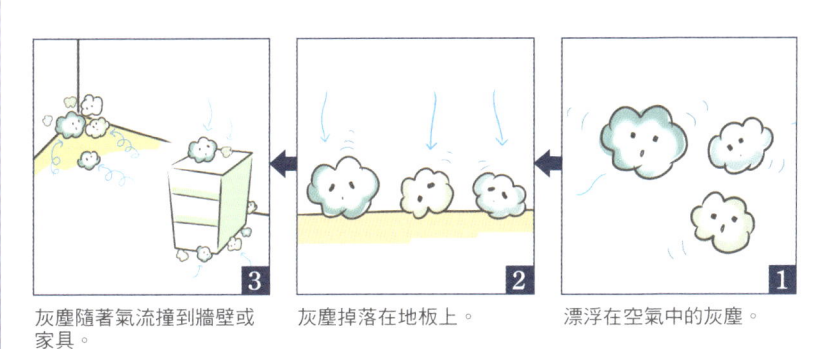

1 漂浮在空氣中的灰塵。

2 灰塵掉落在地板上。

3 灰塵隨著氣流撞到牆壁或家具。

打掃方式

實踐！打掃客廳

客廳擺滿各式各樣的東西，只要下點工夫，打掃起來也可以很輕鬆。打掃的重點在於每天打掃一部分。

客廳的輕鬆打掃術

【天花板】

利用長柄打掃工具，清除堆積在天花板角落的灰塵。

可拆式拖把的把手換成長柄，清除堆積在天花板角落的灰塵。先把灰塵撢落到地上是清掃重點。

也可以用超細纖維抹布把灰塵擦拭乾淨。

【照明】

利用塑膠袋，把堆積在燈具上的灰塵集中在塑膠袋內，避免灰塵掉到地板上。

1. 利用塑膠袋把燈具包覆起來。
2. 用除塵撢把灰塵撢落在塑膠袋內。 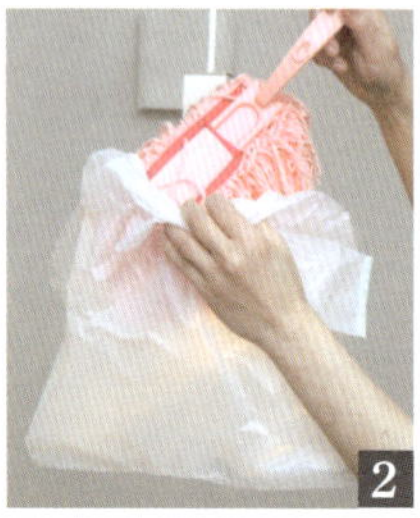

【窗戶】

用玻璃刮刀和抹布，增加打掃效率。

1. 先噴上玻璃清潔劑，再用海綿刷乾淨。
2. 用玻璃刮刀橫向清潔。 
3. 用抹布把玻璃刮刀擦乾淨。重複2、3的動作。 
4. 最後用玻璃刮刀縱向清潔。 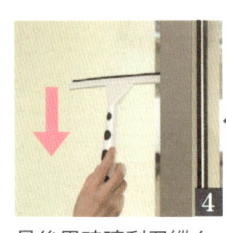

保管物品的便利工具

打掃客廳的基本原則就是物歸原位。如果有一些不好收拾的小東西，可以利用工具，依照品項收納。

檔案盒
用來裝雜誌。雜誌直立擺放，方便取用。

籃子
用來收拾紙類。也可以多準備幾個透明文件夾，一邊收拾，一邊分類。

紙袋 
用來裝衣服等體積大的東西。收納時，把小紙袋放到大紙袋內，節省空間。

【電視】

請注意液晶電視不可使用含有化學溶劑的抹布擦拭。可以用超細纖維材質的除塵撢來清潔。

【冷氣】

可以用從百元商店買的撢子來清掃冷氣上面的灰塵。

【櫃子】

可以用除塵撢清除櫃子角落的灰塵。

【視聽器材】

可以用超細纖維材質的除塵撢來清掃表面凹凸不平的視聽器材。

【觀賞植物】

清掃用具放在這裡

用噴霧器把植物噴濕，再用布把葉子上的灰塵擦拭乾淨。也可以用手套代替抹布擦拭。可以把清掃用具放在觀賞植物附近，想到就可以清掃一番。

方便的打掃工具

除塵撢

可以360度除塵，清掃縫隙的灰塵非常方便。

超細纖維材質的除塵撢

灰塵的吸附力超強。請注意含有化學溶劑成分的除塵撢不適合清潔收音機等視聽器材。

地板抹布和超細纖維抹布

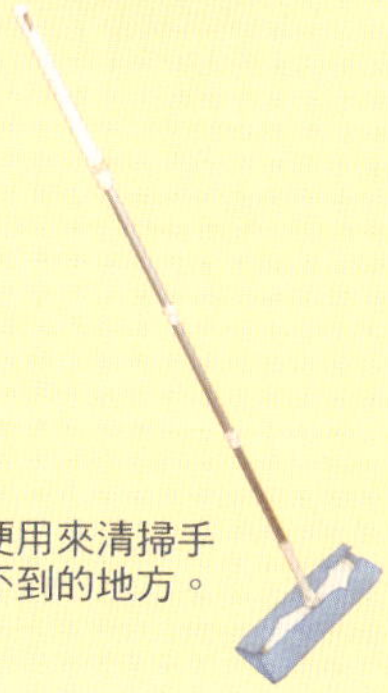

方便用來清掃手搆不到的地方。

打掃工具的收納技巧

收納小撇步

每天打掃都會用到一些工具，這些工具放在容易拿取又不顯眼的地方是收納重點。想到隨時拿出來打掃，是讓家事更輕鬆的關鍵。

● **地板拖把**

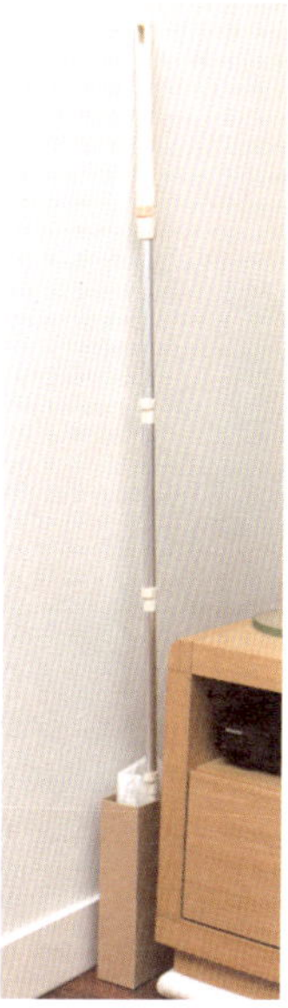

空的紙盒剪開一邊，把拖把放進去收納。

● **破布**

將不要的布剪成小塊放進空的衛生紙盒，用過就可以丟掉。使用有蓋子的衛生紙盒，這樣就算破布的量比較多，也不用怕放不下。

● **滾筒式沾黏拖把**

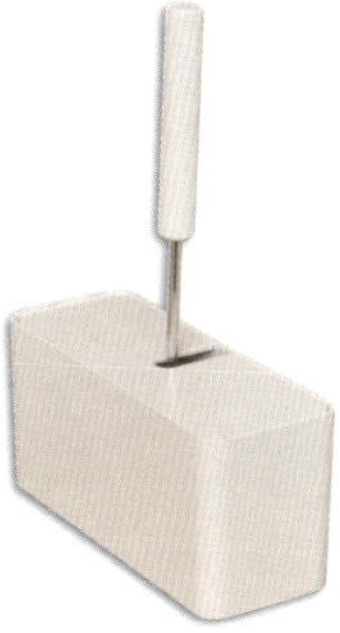

選擇設計簡單的拖把，放在牆角收納（參見p94）。

● **便利的打掃工具**

掃除工具放進有把手的包包內，放在沙發旁不起眼的地方。

65

廁所

有效率收納，打造容易清掃的衛生環境

廁所的髒污一旦堆積，打掃起來就非常費力。清掃用品放在容易拿取的位置，創造容易打掃的環境，是整潔的第一步。

廁所的輕鬆打掃術

每天都會使用的廁所，一旦髒污結晶，就會變得很難清潔。利用環保科技海綿或牙刷等，根據部位使用不同的清潔工具，養成每天打掃廁所的習慣。

打掃廁所時，記得由上往下，並從乾淨地方往髒的地方打掃，這也是清掃的重點。

● 馬桶和馬桶坐墊

用拋棄式紙抹布由上往下，從乾淨地方往髒的地方依序打掃，不要漏掉任何一點髒污。

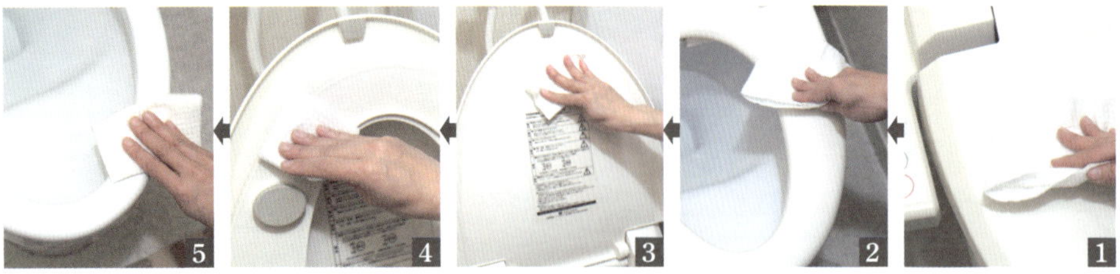

馬桶蓋	馬桶坐墊表面	馬桶蓋裡面	馬桶坐墊裡面	馬桶邊緣
1	2	3	4	5

● 水龍頭

用牙刷清潔水龍頭的金屬部分。只要沾一點牙膏，水龍頭馬上亮晶晶。洗臉台則可用環保科技海綿清潔。

1. 牙刷沾一點牙膏。
2. 用來刷水龍頭。 

● 地板

用吸塵器清潔地上的灰塵。可以在百元商店買小吸頭，當作廁所專用吸頭，非常方便。

廁所收納的技巧

如果廁所沒有什麼收納空間，可以在市面上買伸縮棒來製造收納空間，如此一來，就算是狹小的廁所，也可以有效地收納。各個品項放進不同盒子，裝上窗簾，看起來就很整齊好用。

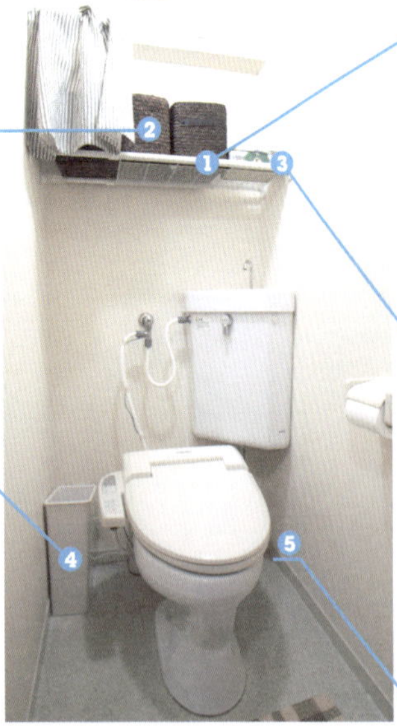

① 伸縮棒 
利用市售的伸縮棒和收納盒創造收納空間，並裝上窗簾。

② 捲筒衛生紙 
捲筒衛生紙放到盒子裡收納，方便拿取。

③ 拋棄式紙抹布 
容易乾燥的拋棄式紙抹布放在有蓋子的盒子裡收納。

④ 清潔劑 
清潔劑放在四方形垃圾桶內收納，比較不起眼。

⑤ 廁所刷和垃圾桶 
廁所刷和垃圾桶藏在馬桶後面。

清掃工具放在廁所內收納，只要每天打掃一部分，廁所也可以這麼乾淨。

選擇薄型廁所刷，節省空間。（參見p.94）

洗臉台

收納時做好分類，方便取用

每天都會用到洗臉台，水垢總是不知不覺附著在水槽上。只要有效率地配置打掃工具，每天的打掃工作也可以很輕鬆。

洗臉台的輕鬆打掃術

洗臉台的使用頻率很高，水垢和肥皂容易附著，就算是一點點的髒污也很顯眼。只要每天使用時，利用掃除工具簡單打掃，就不用擔心髒污找上門。

【洗臉台】 不要的布剪成小塊裝進衛生紙盒內，擦拭洗臉台上的髒污。

【鏡子】 可以用廚房紙巾擦拭，方便又不留棉屑。

【水龍頭】 容易附著水垢的水龍頭，可以用環保科技海綿輕刷去垢。

洗臉台的收納技巧

洗臉台上容易堆滿一些瓶瓶罐罐。只要把物品分類並裝進盒子，要用的時候馬上找得到。化妝品和一些衛生用品，只要下點功夫，同樣可以收得很整齊。

【洗臉台下的收納】

Before：沒有分類就直接把東西堆在櫃子裡，要用的時候也很難拿取。

善用市售的組合架或百元商店賣的籃子收納。如果櫃子裡就有架子，也可以拿走架子，依照自己的習慣，重新排列組合。

收納小撇步：「沐浴物品」。高度低的用品放在架子的上段。

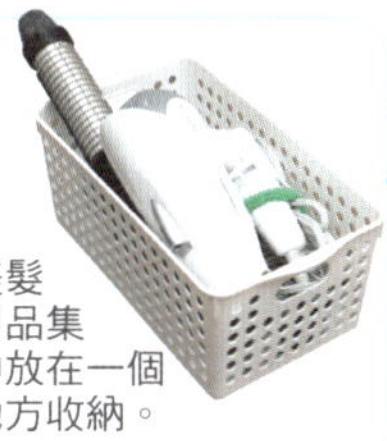

After：
- 美髮用品：美髮用品集中放在一個地方收納。 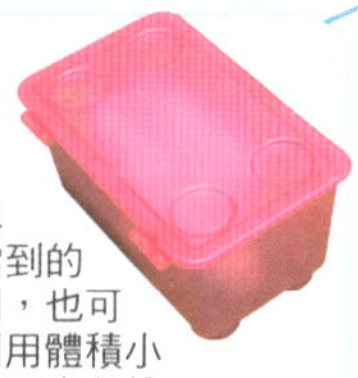
- 小東西
- 沐浴用品
- 被水管擋到的空間，也可以利用體積小的盒子來收納。
- 打掃用品 
- 沐浴用品 
- 洗衣精  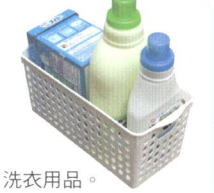
- 體積大的東西：組合架的右側可以擺放體積大的洗潔精等。

- 打掃用品。
- 沐浴用品。
- 洗衣用品。

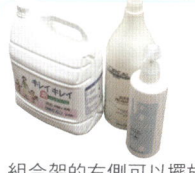

【衛生用品】

❸ 牙膏：放到玻璃瓶內收納。設定使用期限，在期限內用完。

❷ 牙刷：把不要的牙刷放在一起，當作掃除工具。

❶ 旅行包洗髮用品：可以與沐浴用品放在一起。

❻ 化妝品樣品：用橡皮筋綁在化妝水上，一次就把一包用完。

❺ 小瓶裝化妝品和乳液：可當作單次的面膜或身體乳液使用。

❹ 洗髮精、潤髮乳等樣品：依據品項放進夾鏈袋內收納。

【化妝品】

利用不要的化妝品包裝盒收納。空箱子剪成兩半就可以收納兩樣東西。

【垃圾桶】

垃圾桶放地上很占空間，可以選擇迷你型垃圾桶，放在洗臉台上。

浴室

在髒污落地生垢前清掃乾淨！

就算浴室看起來很乾淨，其實附著了許多肉眼看不見的皮脂和肥皂的髒污。在這些髒污落地生垢前，選擇適當工具，把浴室打掃乾淨吧！

浴室的輕鬆打掃術

浴室濕氣重，就算看起來好像很乾淨，其實附著了許多肉眼看不見的皮脂和肥皂的髒污。如果不第一時間清潔乾淨，就會成為紅色和黑色黴菌孳生的溫床。

依據髒污程度，使用不同工具，只要每天清潔一點，家事也可以很輕鬆。

【牆壁】
每天洗完澡，可以用蓮蓬頭清洗牆壁，如此就可去除肥皂留下的髒污。先用溫水再用冷水，防止黴菌孳生。

【鏡子】
只要用環保科技海綿輕刷就可去除魚鱗般的髒污。

【空氣流通很重要】
浴室濕氣重，因此平常就應該開窗或利用通風扇，保持空氣流通。

【地板】
容易堆積髒污的角落，可以自製清掃工具，用筷子綁上破布來清掃。筷子的尖端剛好可清潔牆壁和地板間的細縫。

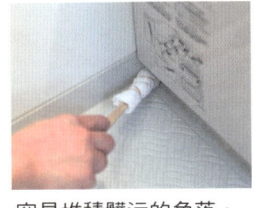

表面凹凸不平的地板可以用刷子清洗。

【浴缸】
面對頑強的污垢，可以沾清潔劑包上保鮮膜，過了一段時間，污垢就會變得比較容易脫落。

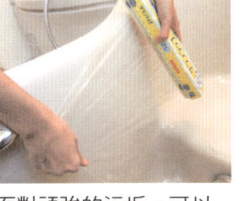

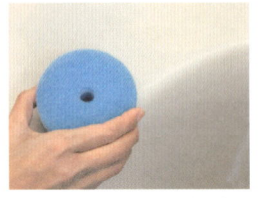

用海綿沾一點清潔劑清洗。

利用保鮮膜讓家事更輕鬆

面對頑強的污垢，可以利用保鮮膜讓髒污更容易脫落。善用身邊的工具，讓煩人的打掃工作也可以很輕鬆。

排水孔蓋
在適當的容器內放入小蘇打粉和洗潔精加水，把排水孔蓋放進去浸泡。如果沒有適當的容器，也可以用有夾鏈袋代替。

洗臉盆和浴室椅
浴室椅裝進大塑膠袋（或垃圾袋），在裡面噴上清潔劑，讓塑膠袋與椅子服貼，過了一段時間，髒污就會漸漸浮上來。

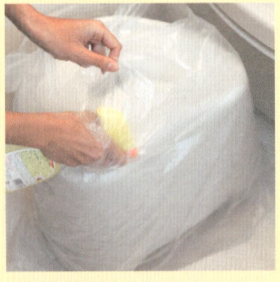

浴室的收納技巧

> 收納小撇步

浴室的收納空間小且濕氣重，最好不要把東西放在地上。可以多加利用市售的牆壁掛勾，有效利用空間。所有清潔工具集中在一起，養成利用洗完澡的1、2分鐘打掃的好習慣。

【清潔用刷子】

利用附吸盤的鉤子，將刷子掛在牆壁上。

【洗髮精＆潤髮乳】

利用架子避免罐子直接與地板接觸。如果架子附有把手，方便打掃時移動位置，打掃得更徹底。

【打掃工具的收納箱】

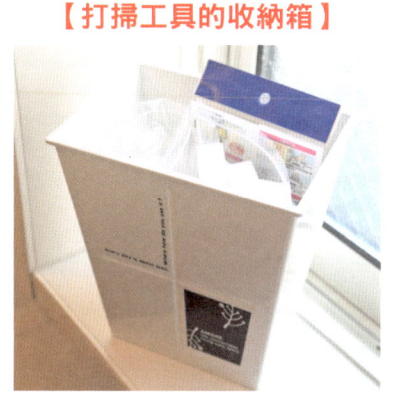

環保科技海綿和垃圾袋等工具放在有蓋子的收納箱收納。

【鞋鉤】

把鞋子掛在鉤子上，增加穩定性。

可以把打掃浴室時穿的浴室鞋掛在牆壁上，節省空間。

COLUMN 節省打掃時間的便利工具

肥皂的髒污容易卡在表面凹凸不平的地方，水垢更是讓打掃工作變得棘手。但只要善用家中的小工具，打掃立刻變簡單。把工具收納好，養成每天打掃的習慣。

● **使用過的牙刷** 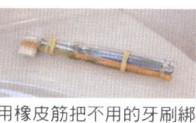
用橡皮筋把不用的牙刷綁在一起，成為萬用牙刷。360度都可以清掃，尤其清掃排水孔更是方便。

● **破布＋筷子＋橡皮筋** 
用橡皮筋把破布綁在筷子上，立刻變身成萬用清掃工具，清潔縫隙和角落的灰塵。

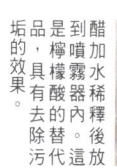

● **小蘇打粉噴霧**
小蘇打粉加水放到噴霧器內，可對浴室的牆壁噴一噴。成分無害。可以安心使用。

● **醋噴霧**
醋加水稀釋到噴霧器內。檸檬酸有去污的效果。後者也可代替。

● **垃圾袋、保鮮膜** 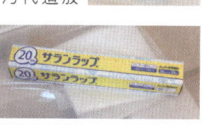
浴缸和洗臉台，只要是有髒污的地方都可以包上塑膠袋或保鮮膜來去污。這種做法可以讓清潔劑與髒污緊密結合且不易乾燥，輕鬆去除污垢。

● **環保科技海綿** 
用環保科技海綿去除鏡子和水龍頭四周像魚鱗般的水垢。

COLUMN 水槽附近髒污的原理

溫度和濕度高的浴室是家中細菌孳生的溫床。表面凹凸不平的地方容易藏污納垢，如果不盡早處理，容易孳生紅色和黑色黴菌。

髒了馬上打掃乾淨是維持環境衛生的不二法則。

● **黴菌孳生的原理**

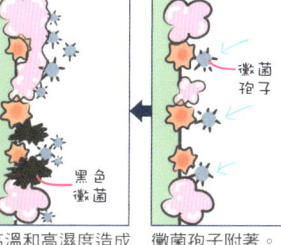

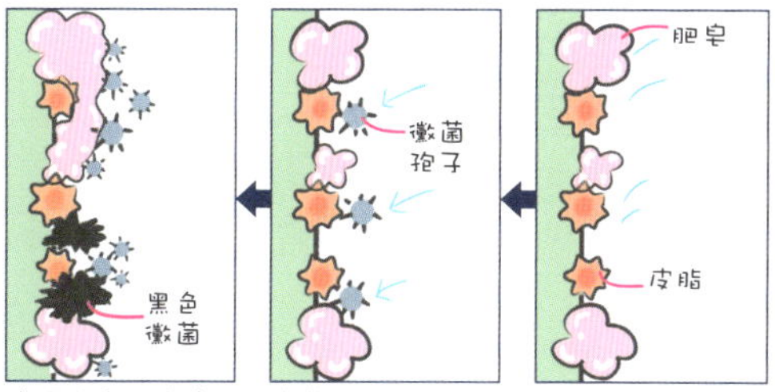

高溫和高濕度造成黴菌孳生。→ 黴菌孢子附著。→ 肥皂的成分與皮脂結合。

● **水垢發生的原理**

水分蒸發後留下肥皂的成分，造成水垢。→ 肥皂的鎂成分和水的鈣成分產生化學反應。→ 肥皂的成分與水分四濺。

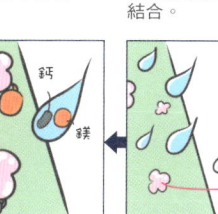

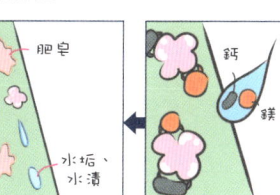

面對突然來訪的客人

決定打掃的優先順序就不用擔心

有效利用有限的時間，準備一個可以招待客人的舒適環境。

決定優先順序在於「客人滯留的時間」和「客人的視線」

不用驚慌「到底該從哪裡開始下手?!」如果無法全部打掃一遍，可以先決定優先順序再開始打掃。決定優先順序在於「客人滯留的時間」和「客人的視線」。

打掃的優先順序

① 客廳・餐廳
↓
② 廁所・洗臉台
↓
③ 玄關

＊如果有時間的話，打掃櫥櫃等客人容易看到的地方。

① 客廳・餐廳

把散亂各處的東西收起來

只要把散亂各處的東西收起來，看起來就會清爽很多。大的東西收進袋子，雜誌等紙類放進檔案盒，小東西則可放進籃子。只要善用收納工具，不一會兒功夫，馬上清爽乾淨。

體積大的東西全部放進袋子裡。如果袋子的設計美觀，也可以直接放在客廳。

組合式檔案盒在收拾紙類時可以派上用場。收好放在不起眼的角落。

客廳以地板→桌子→沙發的順序收拾。

▲擺滿東西的餐桌

如果籃子的設計簡單，只要蓋上一塊布，就可以直接放在桌子上。

▲餐桌上的東西收拾乾淨。

70

② 廁所・洗臉台

重點放在客人會看到的地方

如果廁所、洗臉台等會用到水的地方不乾淨，就算其他地方收得再整齊也沒用。先從客人容易看到的地方下手開始打掃吧。

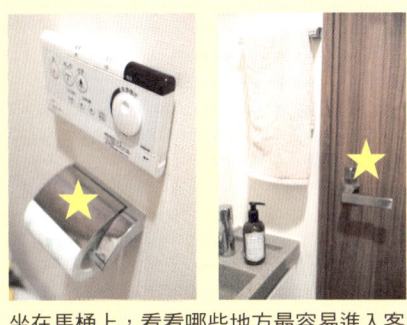

廁所

坐在馬桶上，看看哪些地方最容易進入客人的視線，就把那些地方打掃乾淨。

換新的拖鞋。

地板先從客人會最先看到，且最容易堆積灰塵的角落開始打掃。

破布放進衛生紙盒，隨時備用。

市面上也有販賣鏡子專用的清潔噴霧劑，鏡子馬上亮晶晶。

洗臉台

金屬部分如果有髒污就會非常明顯，可以用環保科技海綿把鏡子、水龍頭等會發亮的地方擦拭乾淨。

③ 玄關

玄關是影響第一印象的關鍵

客人就算不會長時間待在玄關，但這裡是影響客人第一印象的關鍵地方。為了提高客人的第一印象，務必記得把玄關打掃乾淨。

收拾的順序
① 鞋子收進鞋櫃裡
② 角落打掃乾淨
③ 門把擦拭乾淨
④ 準備乾淨的拖鞋

Before
▲雜亂無章的鞋子會給客人留下不好的印象。

After 玄關
▲只要把放不進鞋櫃的鞋子整齊排好，感覺馬上不一樣。

COLUMN

方便的掃除工具大集合

只要一點巧思，不用買特別的刷子或抹布，就可把家裡現成的東西搖身一變成為方便的掃除工具。每次去飯店都會帶回家的小包裝衛生用品，同樣也可以當作掃除工具。

另外，舊的海綿和手套也先不要丟掉，在清潔排水溝或廁所時使用，非常方便。

● 筷子＋抹布

把抹布包在筷子上，可以當作清潔溝縫的工具。只要掌握角度，再頑強的灰塵污垢也可以輕鬆解決。筷子的前端剪成斜角，就算是窄小的細縫也可以不用擔心。

● 牙刷‧棉花棒

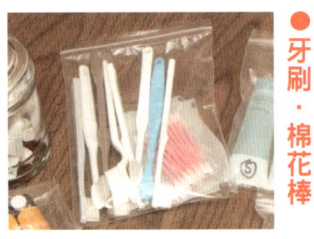

從飯店拿回來的牙刷、棉花棒裝進夾鏈袋保存，可以製作方便的打掃工具，清潔細小地方的髒污。

● 不要的牙刷＋橡皮筋

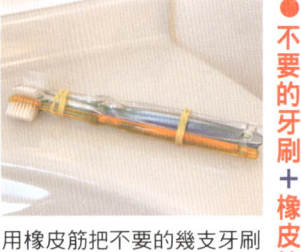

用橡皮筋把不要的幾支牙刷綁在一起，不要的牙刷馬上變成打掃水槽等地的利器。

● 鑷子＋抹布

用鑷子夾起抹布，可以用來清潔細縫中的灰塵。

環保科技海綿的收納方式

環保科技海綿是打掃客廳、浴室的好幫手。一大塊買回來先切成小塊，收納方便，需要用的時候馬上可以使用。

● 分割海綿的方法

使用小菜刀就可以輕鬆切割海綿。不管海綿有多長多厚，都可以輕鬆分割。

只要把海綿分割成3公分的四方形即可。如果需要清潔一些細小污垢，可以把海綿再分割成小塊使用。

● 使用方法①

清潔小部位的髒污時，不需大範圍移動海綿，小範圍多次來回才是清潔重點。

● 使用方法②

清潔大面積的污垢，要注意不要漏掉任何地方。一開始先大範圍移動海綿清潔，再針對沒有清潔到的地方做加強。

● 收納

裝在瓶子裡放在洗臉台、浴室、廚房等地，方便隨手使用。

海綿和刷子在使用上的區別

浴室的牆壁、地板及浴缸多半都是不同的材質。針對不同材質使用海綿或刷子清潔是保持清潔的第一步。

仔細判斷材質，選用最適當的清潔工具。

● 海綿

浴缸多半使用光滑的材質，因此適合使用海綿清潔。

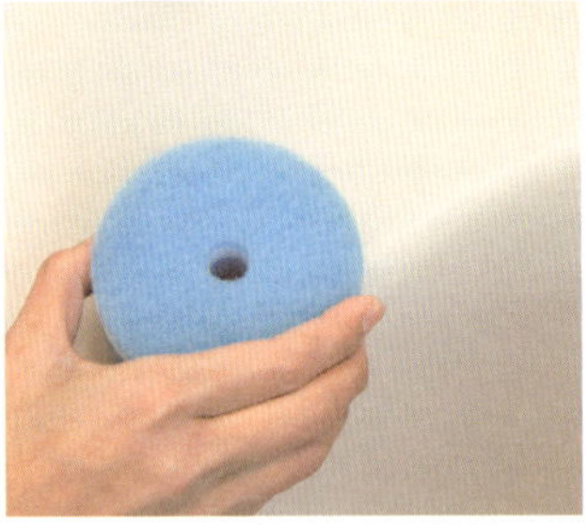

海綿適合用來清潔光滑的材質。

● 刷子

浴室的地板看起來光滑，其實凹凸不平。污垢容易卡在壁紙和地磚的細縫間。因此，表面凹凸不平的材質則適合用刷子來清潔。

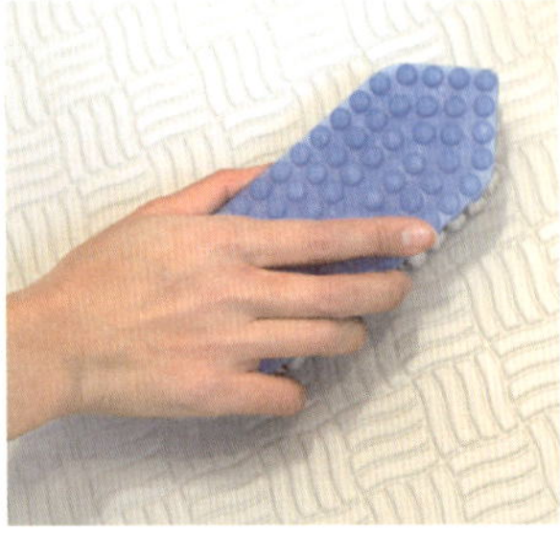

表面凹凸不平的材質適合用刷子來清潔。

✷ Part 6 ✷ 住

收拾與整理

日常生活經常用到的文件資料和其他小東西分類收納，就可以整理地乾乾淨淨。下面介紹利用檔案夾、盒子及文件抽屜櫃的簡單整理方式。

POINT

- ••• 利用文件抽屜櫃整理各式文件
- ••• 善用各種尺寸大小的透明袋和文件夾
- ••• 錢包和皮包內的物品分類是基本常識
- ••• 垃圾桶也要預留分類空間

金錢相關文件

根據用途分類，方便拿取

與家計有關的文件，就算大小不一，也是先依用途加以分類。只要多加利用文件袋，整理起來就會非常方便。

利用文件袋來收納文件

與錢相關的文件大小不一，收納起來非常麻煩。這時只要選用適當大小種類的文件袋就可以解決這個問題。

首先將文件分類，選擇適當大小的文件袋。文件袋整理好再統一放進透明資料夾或檔案盒收納。根據使用的頻率，放在容易拿取的地方。

● 帳單明細

所有明細攤開依種類放入透明文件夾，並在標籤處標明種類，再全部一起放進檔案盒，方便拿取。

● 金融商品

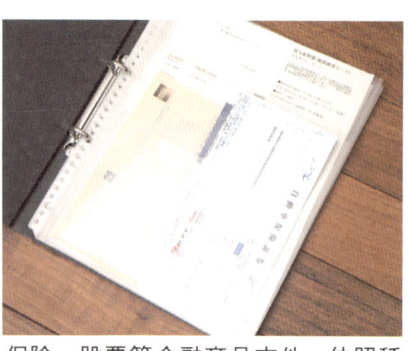

保險、股票等金融商品文件，依照種類放進資料夾中保管。大小不一的文件放進文件袋再歸類，就不用擔心文件大小不一的問題。

● 印章

③ 重要文件使用的印章
① 日常生活使用的普通印章
② 銀行印章

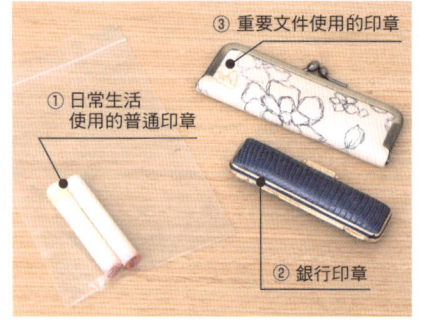

如果擁有多個重要程度不同的印章，依照使用的優先順序分類。

● 存摺

使用中的存摺和不使用的存摺分開，放進文件袋收納。如果數量很多，可依照所有人分類。

COLUMN

善用保護個人資料的小工具

收據和信件等印有個人資料的文件，丟棄前最好經過處理。這時可以善用市面上的小工具處理。

市面上有賣個人資料保護章和碎紙剪刀等，只要善用這些工具，就算沒有碎紙機也可以簡單做好保護個人資料的工作。個人資料保護章和碎紙剪刀各有利弊，可以依照個人習慣，選擇適合的工具。

【碎紙剪刀】

五連刃碎紙剪刀。可以把紙剪得很碎，但比較花時間。

【個人資料保護章】

① 壓印式印章
必須重複壓印的動作

② 滾筒式印章
可以一次蓋住一長條的個人資料，非常好用。

醫療相關文件

平常好好整理，突然要用時也不用擔心

醫療相關文件和醫藥品不會經常使用，老是會疏於整理。只要落實先分類再收納的原則，使用起來就會方便許多。

醫療相關文件整理

掛號證、醫藥手冊、收據和預約單等醫療文件大小不一，整理起來非常麻煩。

這時候，只要將醫療相關文件放進專用文件夾或A4透明夾，整理起來就非常輕鬆。只要把文件放進文件夾，貼上標籤，就可以清楚知道什麼文件放在什麼地方。

● **醫療相關文件**

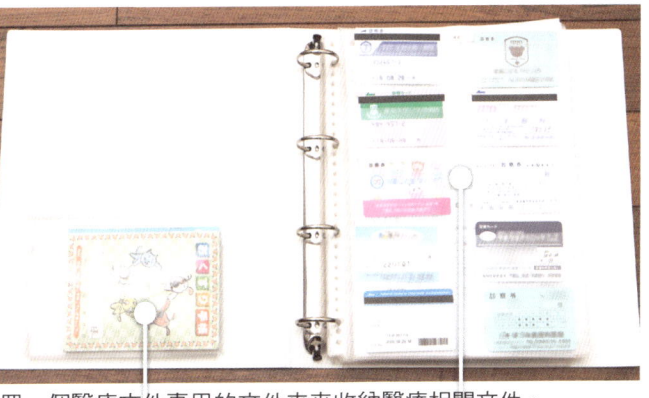

買一個醫療文件專用的文件夾來收納醫療相關文件。名片專用的文件夾則可以用來裝掛號證。

● **收據**

保管醫院的收據主要是為了報稅。平時整理好，報稅時就可以提交所有收據。

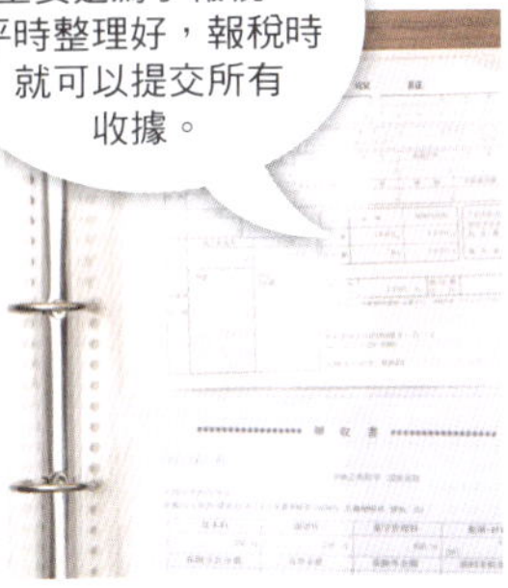

每家醫院的收據大小都不相同，可以依照醫院分類。只要使用兩段式文件夾，所有收據都可以放得下。

● **標籤** POINT

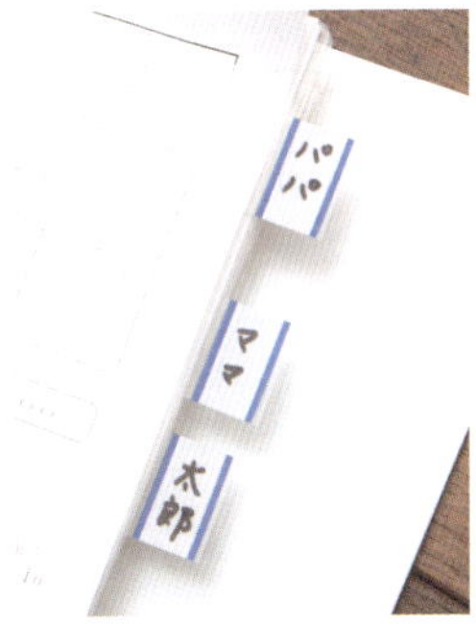

依照家族成員做分類，使用起來更方便。

● **醫藥手冊**

醫療相關文件專用文件夾多半會有一個口袋專門放醫藥手冊。有兩個口袋的醫療文件專用夾，使用起來更方便。

● **掛號證**

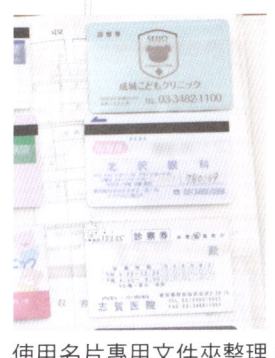

使用名片專用文件夾整理。

醫藥品的收納技巧 （收納小撇步）

醫藥品一有需要，希望可以立即拿取，首先在外箱上寫上開封日期，或是打開外箱的蓋子，一眼就可以看到醫藥品的內容物。醫院開的藥和市售的常備藥分開來擺放也是另一個重點。藥品也可以依據內服藥和外用藥做分類。

● **藥箱的收納**

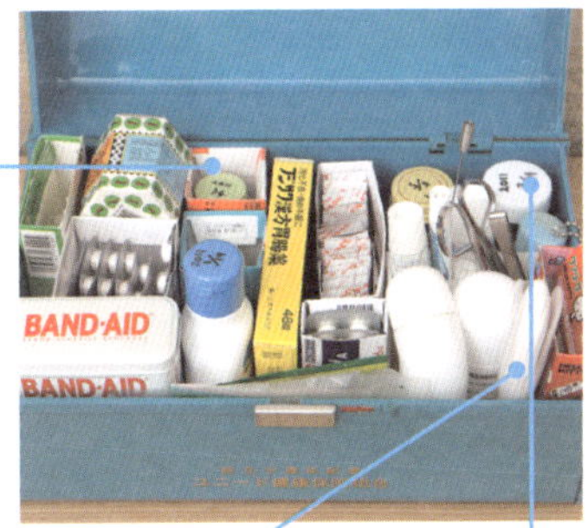

市售的常備藥請連同盒子一起收納。盒蓋外折，保證書放在盒子裡。

藥品的瓶蓋上標明開封日期（年、月、日），做為參考。

體溫計可以直立插在藥罐間。

● **保管服用中的藥品**

藥品放在廚房等吃藥的地方收納。

日常生活相關文件

利用文件抽屜櫃輕鬆整理

利用文件抽屜櫃整理日常生活經常使用的文件是一大重點。再配合使用文件袋，拿取時也非常方便。

利用文件抽屜櫃的收納術

日常生活經常用到的文件應該放在容易拿取的地方。只要使用多層文件抽屜櫃，不論是收納或拿取都非常方便。

依據使用頻率決定擺放順序，再配合使用文件袋，就可以輕鬆收納。

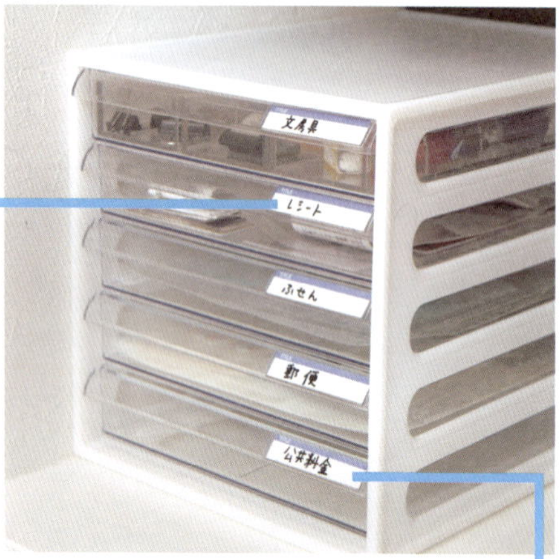

● 收據

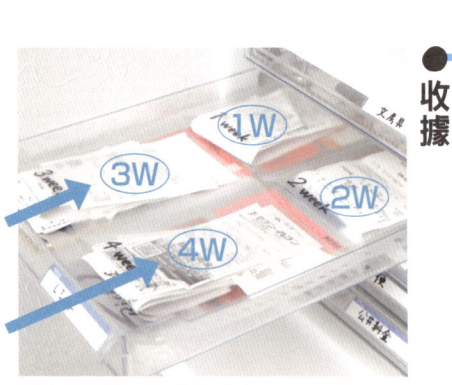

開口朝外，方便拿取

使用有四個口袋的文件夾，一個月分成四週，分別收納該週的收據。

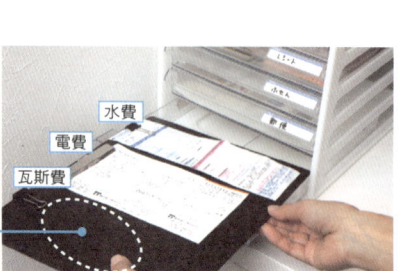

文件抽屜櫃放在客廳的某個角落。

● 集點卡

不常使用的集點卡不要放在錢包裡，而是放進名片專用夾收納，集點卡的種類也就一目瞭然。

● 水電瓦斯的帳單

帳單來了就夾在這裡

水電瓦斯帳單分別夾在文件夾上，連同文件夾一起放進文件抽屜櫃。

收納小撇步：說明書的收納技巧

說明書隨著家電用品的數量不斷增加。除了經常使用的說明書之外，可以使用市售的說明書專用文件夾收納。經常使用的說明書可以利用書架、磁鐵或透明夾收納，放在家電旁邊，要用的時候馬上可以拿取。

專用文件夾（參見p95）

市售的說明書專用文件夾。文件夾有一定的寬度和厚度，不論是收納或取出都很方便。

CD-ROM也可以一起放進去收納。

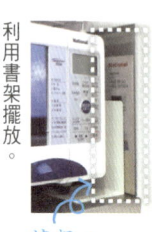

一般文件夾

就算不使用專用文件夾，使用手邊的A4文件夾一樣也可以把說明書收納整齊。

家電附近

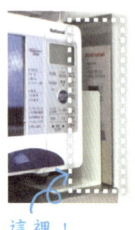

利用書架擺放。

這裡！

用磁鐵固定。

這裡！

放入透明夾收納。

這裡！

整理電腦周邊

經過分類，所有東西一目瞭然

不斷增加的電線和光碟、USB等小東西，讓電腦四周顯得雜亂無章。東西分類好收拾整齊非常重要。

經過分類，所有東西一目瞭然是收納重點

首先，依照「經常使用的東西」、「不常使用的東西」，以及「不要的東西」分類。

STEP 1　經常使用的東西

從市售的專用箱、塑膠袋和密閉容器中挑選適合的尺寸使用。容易拿取，內容物一目瞭然是收納重點。

STEP 2　不常使用的東西

不常使用的東西再分類，挑出還算常使用的東西放在空的地方。不常使用，但必須要保存的東西則可以放在桌子底下收納。

STEP 3　不要的東西

狠下心丟掉用途不明的光碟等不要的東西。（擔心的話，可以先等待一段時間，再把東西丟掉）

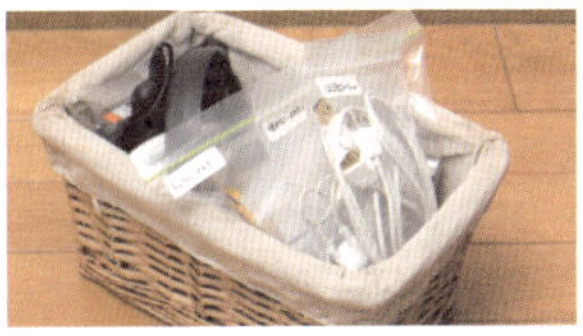

配合東西的大小，在百元商店買個籃子，把裝進塑膠袋或密閉容器的東西放進去收納。

在百元商店可以買到專門收納光碟的盒子。

準備一個A4大小的紙袋，暫時放入紙類垃圾，累積到一定的量再一次丟掉。

收拾乾淨，工作起來才更有效率。

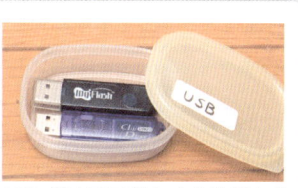

電線等捲起來放在夾鏈袋內，就不容易打結。

USB等小東西放在小的密閉容器內保管。

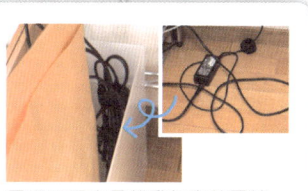

電腦四周容易雜亂無章的電線等，可以放進檔案夾收納。

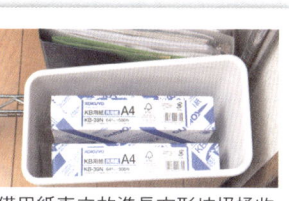

備用紙直立放進長方形垃圾桶收納也是一個辦法。

桌子下方的使用方式

不容易打結的電線收納法

電腦四周的電線很容易打結，只要把電線大概捲好放進塑膠袋，馬上就可以整理乾淨。

1. 留一點電線，剩下捲起來。
2. 一邊捲，一邊確定鬆緊。 
3. 兩端的電線塞進去固定。 

電腦相關附屬品的收納

你是不是把電腦相關的附屬品直接裝到商品盒裡保管呢？請把附屬品都拿出來，並把外盒包裝剪下一部分一起放進夾鏈袋內收納，再在外面貼上標籤，就可以節省空間。

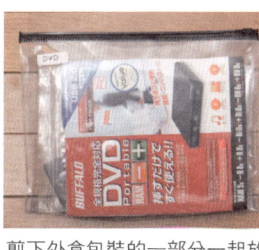

剪下外盒包裝的一部分一起放進夾鏈袋，就可以節省空間。直立放進檔案盒，收在桌子底下。

小幫手　電腦的清潔工具

在百元商店內可以買到許多種類的電腦清潔工具。放在電腦附近，隨時都可以清潔。

超細纖維抹布可以去除指紋的髒污。

桌上型掃把可以清除鍵盤上污垢。

整理照片

只要事先決定好保管的地方和保管的方式，照片再多也不怕。

數位照片和紙本照片統一管理

數位照片和紙本照片的簡單管理法

數位照片暴增。沒有經過整理的紙本照片也老是東一張，西一張。只要依據拍攝日期排列，管理起來就會很輕鬆。

按照自己的性格，決定管理照片的方法。

數位照片的收納技巧

每年都建立新的資料夾，將照片根據拍攝的西元年份分類，龐大的數位照片根據拍攝的西元年份分類，管理起來就會很方便。照片備份在硬碟或CD-ROM裡，就不擔心會遺失。

① 用最古老照片的西元年份建立資料夾，將照片放進去。

⬇

② 從①的年份開始，每年都建立一個新的資料夾。

⬇

③ 拍好的照片放到所屬的年份資料夾即可。

＊依據年份分類，再根據每次的活動名稱建立不同的資料夾，名稱可以設定為：「年-月-活動名稱」。
（例如：09-05夏威夷）

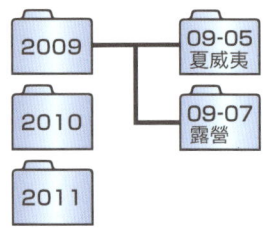

- 2009 → 09-05 夏威夷
- 2010 → 09-07 露營
- 2011

＊大型活動的照片才需要另建資料夾。一兩張日常生活照就不必新設資料夾整理。

紙本照片的收納技巧
利用空的衛生紙盒統一管理

紙本照片很容易就累積成一堆，首先可以準備一個空的衛生紙盒，規定自己把照片全部放在這個紙盒裡。

① 全部放進去

剪成一半的衛生紙盒，大小剛好可以用來放照片。

② 決定整理的方法

紙盒放在方便拿取的地方，看到紙本照片就可以放進去。舊照片放在最後面，新的放前面即完成整理。

會拿出來欣賞的照片

使用雙環活頁夾當作相簿使用。活頁口袋有不同尺寸，可以根據照片大小作選擇。之後可以自由變換順序是其優點。

純粹收藏

基本上不會拿出來欣賞，但又希望收藏，放在箱子或袋子裡就可以了。

COLUMN

用相簿收藏照片

現在有很多業者提供製作相簿的服務，相簿的種類和價格也是五花八門。有些相簿可以從網路下訂，「純粹在網路上欣賞」也是另一種保管照片的方式。相簿的花樣也可以根據需求，自己設計或是交給業者設計。

78

整理玩具

方便孩子整理的收納方式

小朋友的玩具經常散亂一地，幫他們建立可以自己收拾的系統。

幫孩子建立可以自己收拾的系統

小朋友的玩具有各式大小和形狀，經常丟在地上，散落四處。如果在孩子還小時就建立讓他們自己也能收拾的系統，家長就可以很輕鬆。

收納小撇步：利用層板和盒子，簡單製作可以收納玩具的櫃子。

1. 丈量可以收納玩具的空間。
2. 配合空間大小，在量販店購買適當的層板，再在下面放盒子支撐，放玩具的置物櫃馬上完成。箱子也可以上網購買。（購買前記得確認層板的承載重量。另外，層板與盒子之間可用三角支架固定。）

Before / **After**

POINT 1　展示空間
層板上的空間可以擺放孩子畫的畫或喜歡的玩具等做裝飾，打造溫馨氣氛。

POINT 5　繪本放進檔案盒裡
容易傾斜倒塌的繪本放入檔案盒收納。

POINT 4　在玩具籃下面裝滾輪
可以在百元商店買滾輪裝在玩具籃下面，方便孩子拿取。（這可能對年齡較小的孩子造成危險，請特別注意。）

POINT 3　依據玩具的大小分類 
為了讓孩子自己收拾玩具，可以和孩子一起決定玩具分類的方式。依據玩具的大小分類等簡單易懂的方式比較可以持久。

POINT 2　檔案盒背面朝外
大人的書如果不想讓小朋友拿取，可放進檔案盒，背面朝外。

POINT 6

| 信紙 | 筆記本 | 貼紙 | 摺紙 |

女生的小玩具
如果小朋友是女生，總會有一些摺紙、貼紙、筆記本等小東西。這些東西的分類方式也可以和小朋友一起討論。

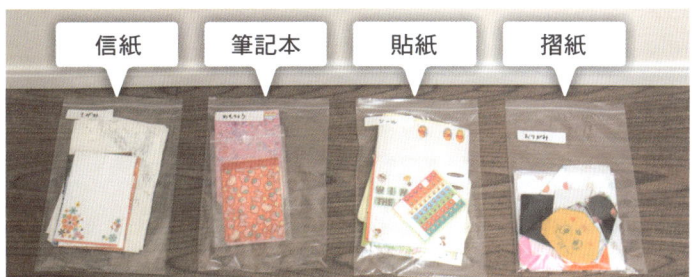

紙類等平面東西放進可以封口的塑膠袋收納，立體東西則放進盒子內。貼上小朋友也簡單易懂的標籤是一大重點。

想減少玩具的數量，祕訣請見p.88。

＊如何區分＊

③ 以使用和未使用區分
- 用到一半的摺紙
- 未使用過的摺紙

② 以形狀區分
- 平面
- 薄的東西
- 厚的東西

① 以大小區分
- 大…圖畫紙
- 小…摺紙
- 極小…貼紙

整理錢包

決定好擺放位置，聰明收納

錢包是生活必需品，裡面放有錢、收據和信用卡等。一開始就決定好每樣東西的擺放位置，錢包就可以整理得有條不紊。

長型錢包的收納技巧

長型錢包通常有很多夾層擺放各種卡片和紙鈔。只要事先決定好擺放位置，就可以清楚知道什麼東西放在什麼地方。依據自己的習慣，把最常使用的東西放在最容易拿取的位置。

折價券等面積小的東西容易不見，這時候可以統一放到小信封內再收到錢包裡。

● 放卡片的夾層

根據容易拿取的位置決定優先順序，再根據使用頻率將卡片一一放好。

● 放紙鈔的夾層

紙鈔　收據

如果有兩個以上的大夾層，一個可以放紙鈔，一個則放收據。

● 小信封

大小不一的折價券統一放到小信封。

NG 注意不要塞太多東西！

最外側的夾層容易被撐鬆，鬆了東西就容易掉出來。因此注意最外側的夾層不要塞太多東西。

COLUMN

聰明整理錢包的小撇步

平常只要把錢包整理得有條不紊，在付帳單、出示集點卡，以及記帳時就可以很順暢。下面介紹聰明整理錢包的小撇步。

零錢

隨時準備一元和十元的零錢，可以加快結帳的速度，減少找回的零錢，同時減輕錢包的重量。

集點卡

注意不要收集太多集點卡。收集太多集點卡不僅管理上很麻煩，也會因為被點數吸引而花了不該花的錢。盡量不要收集太多集點卡，辦新的集點卡前，請三思。只辦真正有需要的集點卡。

收據

如果沒有記帳習慣，不拿收據，就可以減少錢包的空間。如果有記帳習慣，每天回家就先把今天的收據移到專門放收據的檔案夾裡（參見 p76）。養成每個月整理一次收據的習慣。

對折錢包的收納技巧

對折錢包比起長型錢包較不占空間，但夾層數少且裝紙鈔的容量小。整理方式大致與長型錢包相同，事先決定好擺放位置，容易拿取的地方擺放使用頻率高的東西。

在大夾層裡放一張紙當隔板，就可以當成兩個夾層使用，非常方便。定期整理錢包，注意不要累積太多不要的收據或卡片。

● 放紙鈔的夾層

隔板紙

如果只有一個放紙鈔的夾層，可以放一張紙當隔板放紙鈔和收據。建議用紙質較厚的禮券當隔板。

● 零錢包

如果有兩個夾層，而兩個夾層都放零錢會太占空間，建議把零錢集中在一個夾層，另一個夾層備用。

● 放卡片的夾層

① ② ③ ⑥ ⑤ ④

按照自己容易拿取的順序，再配合卡片的使用頻率，依序整齊放入。

COLUMN

直擊報導 你有定期整理錢包的習慣嗎？

錢包的大小形狀不一，如果沒有定期整理，整個錢包鼓鼓的，不好看也不好用。下面介紹大家整理錢包時遇到的疑難雜症。

A太太
「雖然錢包裡有很多夾層，但我老是把所有卡片都放在同一個容易拿取的夾層，有些夾層明明沒放東西，整個錢包卻老是鼓鼓的。」

B太太
「我最大的煩惱就是有太多集點卡，夾層塞不下，所以都放到放紙鈔的大夾層裡，結果結帳時卻又找不到集點卡到底在哪裡。」

本多老師
「請把卡片依照使用頻率排列。再根據容易拿取的順序，依序放進各個夾層內。放不下的卡片就放在家裡保管。慎選出真正有使用得到的卡片放入錢包。」

本多老師
「卡片的整理方式請參閱A太太。如果結帳時找不到集點卡，表示那張集點卡根本沒有發揮集點功能。請選出真正有使用的集點卡再依序放入。」

C太太
「我會把紙鈔、收據及禮券統一放進最容易拿取的紙鈔夾層，結果紙鈔與收據總是混在一起。」

本多老師
「禮券放到另一個夾層。如果覺得紙鈔和收據放在同一個夾層比較方便，可以在夾層內放一張紙當隔板，區分開紙鈔和收據。養成利用等候結帳的空檔整理錢包的習慣吧！」

81

整理手提包

包包裡的東西分類，方便拿取

包包的形狀大小不一，有些比較好用，有的不好用，但基本的整理方式都相同。利用包包收納袋，學習方便拿取的收納法。

分類收納！直立收納！

雖然其他人看不到包包裡面，但如果包包裡面的東西亂七八糟，拿取時也很麻煩。根據包包的大小準備多個包包收納袋，把必要的東西裝進去收納。就算是小東西也不用怕找不到。為了方便拿取，請把包包收納袋直立放到包包裡。

● 包包收納袋

選擇有拉鍊的包包收納袋，就可以直立放進包包裡。

附拉鍊的收納袋

上圖是無印良品的商品。側面的口袋如果放進太厚的東西會掉出來，請特別留意。

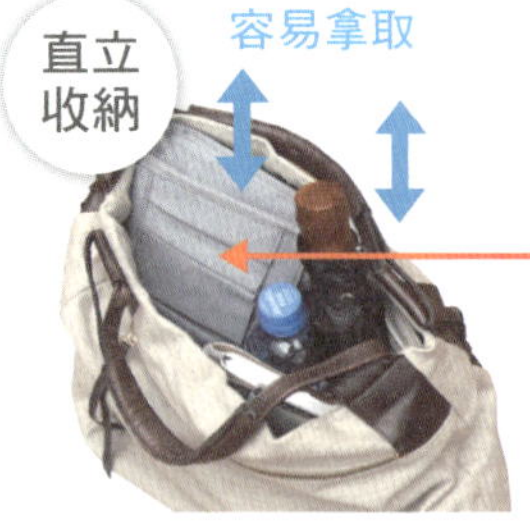

直立收納　容易拿取

重點在於把東西直立放進包包裡。如果把包包收納袋直立放進包包裡，就可以有效利用包包側面的空間，也可以清楚看到想要拿的東西在哪裡。

沒有拉鍊的收納袋

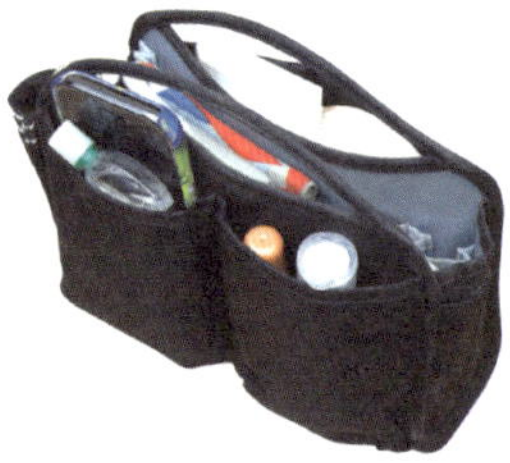

雖然看起來好像很方便拿取，但其實東西很容易就會掉出來。而且，如果包包比較深，也無法有效利用收納袋上方的空間。因此，會比較推薦使用有拉鍊的收納袋。

3種化妝包的運用法

根據使用頻率準備3種不同的化妝包。為了避免東西掉出來，建議使用有拉鍊的化妝包。

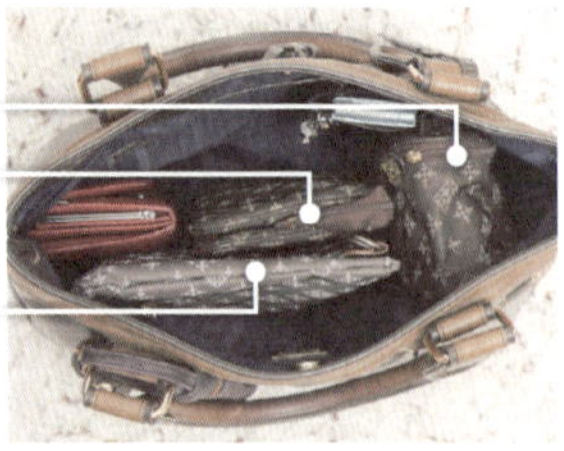

① **擺放每天必需品的化妝包**
主要用來放化妝品。使用輕薄的立體袋，使用起來非常方便。

② **擺放經常使用物品的化妝包**
選擇輕薄材質，擺放①之外的名片夾、筆等個人經常使用的物品。

③ **擺放不常使用物品的化妝包**（以備不時之需）
使用小包包時，可以把這個化妝包拿出來。選擇可以放得下手帕的大小，放進一條已經燙好的手帕，以備不時之需。

直立放入不占空間！

POINT　選擇材質輕薄的化妝包。輕巧不占空間。

COLUMN

直擊報導　你平常就養成定期整理包包的習慣嗎？

你有定期整理錢包的習慣嗎？下面介紹一些大家共同的煩惱。

A太太
「長型托特包雖然可以放很多東西，但小東西常沉在底部找不到，這是我現在最大的煩惱。我也會把小朋友的東西放到化妝包裡。」

本多老師
「如果是經常使用的包，小東西可以放到包的側面口袋。如果每天使用不同的包包，小東西通常都會忘記移到新包包，所以可以把小東西統一放到化妝包裡收納。」

B太太
「我總是把經常會用到的錢包放到包的最上層，但因為錢包的關係，想要拿錢包下面的東西總是很不方便。而且，有些化妝包太大太占空間，工作要用的資料反而都放不進去。」

本多老師
「請養成習慣把使用頻率高的錢包直立放進包包。試著把資料放到包包的正中央，兩邊放化妝包。」

C太太
「跟小朋友一起出門時，我會把貴重物品放到肩上的包包裡，其他東西放到環保袋並掛在娃娃車上。環保袋雖然很輕，但軟趴趴的材質是我現在最大的煩惱。」

本多老師
「我比較擔心的是妳放貴重物品的包有沒有拉鍊這件事。經常會用到的東西放到化妝包放到包外側。環保袋是很軟趴趴，可將把手地方打結，增加安定性。」

報紙和雜誌

決定一個固定位置來收納

報紙和雜誌容易堆積在客廳，下面就介紹既不占空間，而且就算被人看到也不用擔心雜亂無章的收納技巧。

報紙和雜誌的收納技巧

報紙和雜誌分成暫時保管和回收兩種類型來收納，但如果可以收納在同一個地方，家事會更輕鬆。用一個好看的袋子遮住報紙整理袋，把看過的報紙統一放到整理袋。

至於雜誌，為了方便拿取，可以把雜誌直立放入檔案盒收納。

● 報紙的收納

打造出看完報紙就把報紙收納整齊的環境。在客廳選擇一個角落收納這些報紙。另外，想像丟報紙會遇到的困難，事先做好準備也很重要。

存放的地方

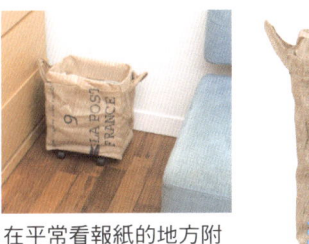

在平常看報紙的地方附近決定一塊空間存放報紙。看完馬上放進整理袋，就不用擔心到處散亂著報紙。

在袋子下面加裝滾輪

滾輪台

在百元商店就可買到滾輪台，整理袋放在上面，移動時就很方便。

使用報紙整理袋

向外摺

報紙整理袋裝進一個好看的袋子，多出來的部分向外摺。整理袋很堅固，報紙也很方便放入。

● 雜誌的存放

決定雜誌的存放量，一旦超過存放量就丟掉多的雜誌，這樣就不用擔心雜誌越堆越多。

摺疊式檔案盒可以當作暫時的存放空間，丟掉雜誌後可以把盒子摺起來收好，不占空間。

利用直立式檔案盒存放雜誌。擺放的方向如上圖所示，拿取也很方便。有客人來時，只要轉個方向，看起來就很整齊。

COLUMN

直擊報導 綑綁報紙的小技巧

報紙整理好，通常會用繩子綁緊，但繩子往往很容易就鬆開。其實只要掌握綑綁技巧，簡簡單單就可以把報紙綁緊。

① 繩子朝相同的方向纏繞2、3次。

② 利用直角部位綁緊繩子。

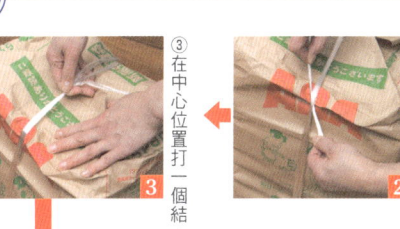

③ 在中心位置打一個結。

④ 繩子轉90度方向，同樣纏繞2、3次。

⑤ 在最初的繩結位置再打一個結固定。

83

文具和郵件

只要花點功夫，大小不一的文具也可以收拾得有條不紊。
利用身邊的便利工具來整理每天不斷增加的郵件。

依照尺寸分類收納

● 書寫工具的分類

原則上一個種類的筆只準備一支。養成墨水沒了就把筆丟掉的習慣，不要把沒水的筆放回抽屜裡。

換墨水的筆反過來插在筆筒保管，代表需要換墨水。

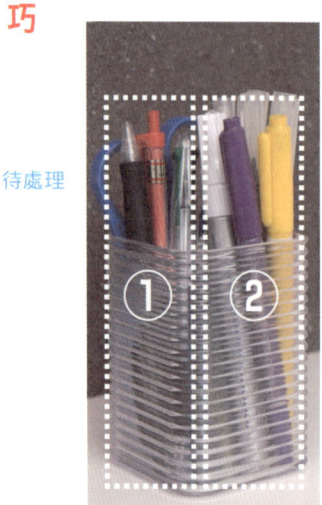

① 一個種類的筆只準備一支。把要換墨水的筆反過來插在筆筒裡保管。多買的筆可以統一放到最後面的位置。

② 用橡皮筋把較不常用的筆綁起來收納。

善用文件抽屜櫃的技巧

使用文件抽屜櫃來分類並收納書寫工具、小文具以及日常生活會用到的資料等，非常方便。

抽屜的深處可以放較長的筆，小東西則是放前面。如此一來，抽屜就算不用全部打開，也可以知道裡面放什麼。另外還可以用透明資料袋來幫助分類。

● 文具

① 剪刀和刀片
　裁切工具放在一起。

② 書寫工具
　一個種類的筆只準備一支，節省收納空間。

③ 小東西
　放在抽屜前端，依種類擺放。

● 便利貼
配合透明資料袋做分類。

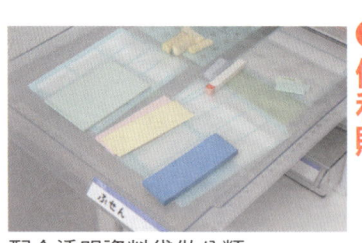

● 郵票
利用名片夾收納非常方便。
封口朝前，拿取不費力。

● 郵件的收納技巧

想要暫時保存信件或DM，可依照時間順序排列。

在繳費單的信封上寫明繳費日期，或在活動DM寫上活動日期，就不會錯過重要日期。

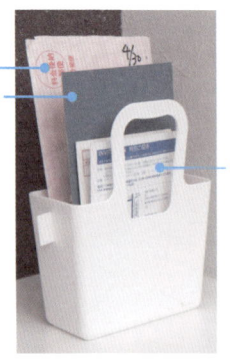

已處理
隔板
待處理

把空的衛生紙盒剪成一半放DM。簡單DIY製作一個收納盒。

收納籃的大小剛好適合放郵件。只要用厚紙板當作隔板，一邊放待處理郵件，另一邊則放已處理郵件。或是一邊放名片類，另一邊則放信件類等，以郵件大小分類也是一種方式。

84

垃圾

善用垃圾桶，輕鬆做好垃圾分類

只要做好分類，馬上就可以把垃圾收拾得一乾二淨。讓我們一起重新檢視垃圾的分類方式。

長方形垃圾桶非常好用

垃圾桶多是圓形，但長方形垃圾桶比較不占空間。只要靠牆放在房間角落，好用又不礙眼。

如果把垃圾桶當作室內裝潢的一部分，可以選擇適合的顏色和設計。如果不想讓垃圾桶太顯眼，可選擇與牆壁相同的顏色。

遵守各地政府的規定，一起重新審視垃圾的分類方式。

紙類垃圾的省空間處理法

客廳或房間的紙類垃圾總是在不知不覺中堆積如山。只要依照下列方式處理，就可省下許多空間。

◆ 不要把紙類揉成一團
◆ 紙箱壓扁再丟掉
◆ 紙類放進大信封內丟掉

紙類放進信封，就不用擔心紙張大小不一的問題。

把不要的大信封回收再利用，放到垃圾桶裡面。把空的箱子壓扁後放到信封內（①②），其他紙張也不要揉成一團，統一放到信封內。

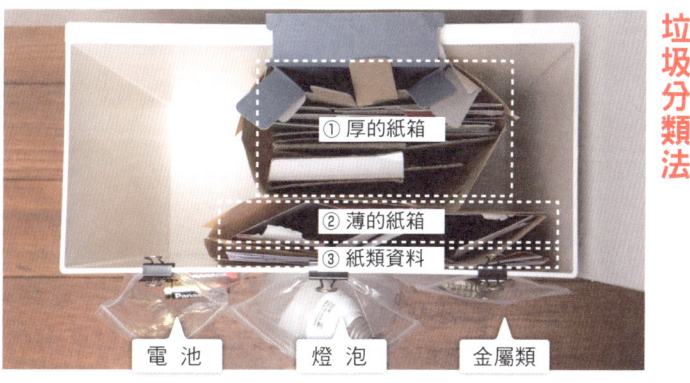

垃圾分類法

① 厚的紙箱
② 薄的紙箱
③ 紙類資料

電池　燈泡　金屬類

背面用夾子夾幾個可以封口的塑膠袋做分類。

白色垃圾桶較不顯眼，長方形垃圾桶剛好可以放在牆角。

背面　　正面

薄型垃圾桶

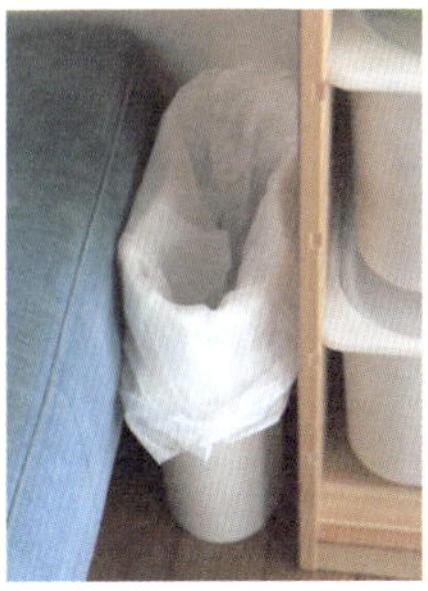

就算不是四角形垃圾桶，只要選薄型垃圾桶，就可以塞進家具與家具間的縫隙內。

希望暫時保管的物品

希望暫時保存的包裝紙和泡泡紙放到可以封口的塑膠袋或盒子內，之後再統一放到薄型垃圾桶，收到櫃子裡面。

重疊垃圾袋的技巧

一開始就重疊多個垃圾袋放到垃圾桶內，使用起來會非常方便。也可以避免丟完垃圾後，有人在垃圾桶內沒有垃圾袋的情況下就把垃圾丟進去。另外，也可以把一疊垃圾袋直接放在垃圾桶底部，使用起來更方便。

空箱壓扁的技巧

1 看起來似乎很難壓扁的厚紙盒，只要把四個角用手撕開就可以輕易把盒子壓扁。

2 四個角撕開。

3 壓扁的紙盒放到大信封袋內。

Part 7 現場直擊收納問題

「輕鬆家事收納術」解決大家收納上的煩惱！

隨時維持家中整潔其實非常辛苦。本多老師親自造訪多個家庭，與大家一起思考怎麼做，家事才可以更輕鬆。

> 光線明亮的客廳是一家人相聚的地方。然而，小朋友的玩具、脫下來的衣服，以及看到一半的書或雜誌等，不知不覺中，客廳就堆滿了東西。
>
> M太太（東京‧四人家庭）

煩惱 1 家人相聚的客廳，東西越堆越多。

紙袋和檔案盒有助於收拾客廳

客廳是一家人相聚的場所，也是東西容易堆積的地方。可以利用紙袋或檔案夾，方便東西歸位。

POINT 1 利用大中小尺寸的紙袋輕鬆收納

紙袋是幫助輕鬆收納的利器。東西歸位時，先把東西放到紙袋再歸位，也可以省下跑來跑去的時間。就算是小朋友也可以簡單把東西收拾乾淨。

- 大尺寸紙袋 → 衣服、包包等體積大的東西
- 中尺寸紙袋 → 玩具等
- 小尺寸紙袋 → 小東西等

▲ 大紙袋可以裝下許多東西。

POINT 2 檔案盒可以裝雜誌

客廳準備一個可折疊的檔案盒，必要時組合起來，擺放看到一半的書或雜誌。

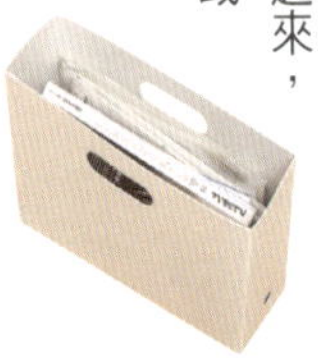

POINT 3 紙類統一放到透明夾收納

希望暫時放在客廳的資料可放入透明夾，資料就不會散亂各處。

POINT 4 檔案盒放在書架上方便收納

使用檔案盒，拿取書籍非常方便。另外，就算書的種類大小不一，只要把檔案盒轉過來，外表看起來就非常整齊劃一。

▲ 就算亂七八糟⋯

▲ 只要轉過來，外表整齊劃一！

Before / After

終於整理好了！

我們也會收拾！

1. 不用擔心善後，盡情玩耍吧。
2. 開始收拾囉！把玩具撿起來。 
3. 放到中尺寸的紙袋裡。 
4. 好孩子貼紙，貼一張！

煩惱 2

我家玄關亂七八糟，有沒有解決辦法？

玄關空間有限。家庭成員進進出出，雨傘和鞋子都散落在玄關。也沒有收納拖鞋的地方，不知如何是好。
—Ｉ太太（東京・四人家庭）

靈活運用收納工具，有效利用有限的收納空間。

玄關的空間有限，但想放的東西很多。這時候，只要有效利用收納工具，就可以提高玄關的收納力。在百元商店就可以買到許多好用的收納工具。

▲ 鞋櫃裡亂七八糟。

▲ 利用兩層鞋架收納，不但整齊，收納力也加倍。也可以利用鞋盒簡單DIY收納工具。

製作方式請參閱本頁下方。

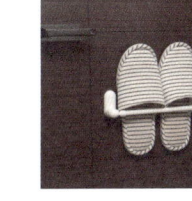

▲ 鞋子、雨傘、拖鞋和衣服全部散亂在玄關，雜亂無章。

POINT 1 利用兩層鞋架收納，收納力倍增

利用空的鞋盒或市售的鞋架，將鞋子分上下段收納，收納力加倍。

POINT 2 拖鞋可以利用毛巾架收在鞋櫃門後

使用毛巾架，再小的空間也可有效利用。如果有多雙拖鞋，可以使用多個毛巾架或長一點的毛巾架。

POINT 3 鉤子掛在門上，當作臨時吊掛外套的地方

客人來訪時，這裡可以當作臨時吊衣處。市面上也有賣可同時吊掛多件衣服的鉤子。

POINT 4 小東西放到百元商店就可買到的籃子裡

準備一些鞋盒大小的盒子裝擦鞋工具等放在玄關的小東西。容易拿取，外表看起來也很整齊。

▲ 鞋油和擦鞋布分開擺放，使用起來也比較方便。擦布和一些小東西也可以放到小袋子裡收納。

▲ 外出會攜帶的玩具也可以放到籃子裡收納。

POINT 5 選擇不占空間的傘架

平常使用的雨傘應該不多，盡量選擇不占空間的傘架。

傘架SAKURA
詳情請洽：山崎實業株式會社
Tel. 0743-57-5068

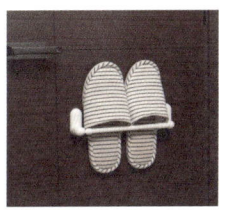

小幫手

增加鞋櫃收納量的實用工具

鞋櫃收納工具種類繁多。只要善用這些工具，玄關也可以很整齊。

兩個一起使用非常方便。容易拿取的鞋子放上面，下面則放非當季鞋子。

方便好用！

上下各放一雙鞋。非當季鞋子可以放在下面。

放非當季鞋子。如果放當季鞋子，拿取時比較不方便。

放在鞋子裡，縱向收納鞋子。

大家一起動手做！利用空的鞋盒DIY鞋子收納架

只要剪一剪就好！　很簡單吧？

4 大功告成！　3 用膠帶黏好。　2 再剪一個斜角。　1 從盒子一側中央剪一個斜角。

87

煩惱 3

小朋友的東西不斷增加，到底該怎麼整理才好？

衣服、玩具、小朋友的作品……家有小朋友，東西就會不斷增加。忙碌的生活，實在不想多花時間整理收納。明明知道「該整理了」，但總是提不起勁來。

F太太（東京‧四人家庭）

小朋友的東西就算增加，也可以輕鬆整理

忙碌的生活，要能時時整理很困難。下面針對孩子的衣服和作品，介紹簡單的整理方式。另外，如果東西太多，必須丟掉一些物品，這時可以讓孩子自己決定要丟掉的東西，這樣他們比較心服口服，也可訓練他們的整理技巧。

POINT 1　衣櫃分區，按區收納

孩子的衣服很快就穿不下，需要修改……小孩的衣物經常混著已經穿不下的衣服。只要把常穿和不常穿的衣服分開放，馬上就可以找到想穿的衣服。

童裝的【輕鬆家事管理法】

STEP 1
拿出抽屜裡的衣服，根據①常穿的衣服、②不常穿的衣服、③需要修改的衣服，做好分類。

STEP 2
分類好之後，決定適當的收納位置。把①常穿的衣服放在容易拿取的抽屜最前面；②不常穿的衣服折好放後面；③需要修改的衣服放旁邊。

STEP 3
衣服分類好放到適當的地方。只要改變摺衣服的方式，衣服放在哪裡，立刻一目瞭然。

▲ 常穿和不常穿的衣服全部混在一起。

Before

After

「不常穿的衣服」摺小後放在抽屜最裡面。

決定好擺放「需要修改衣服」的位置。

「常穿的衣服」放在容易拿取的位置。

POINT 2　決定一定的保管數量，再依據作品的形狀分類

小孩的作品如果不丟掉，只會越來越多。首先，決定保管的數量是一大重點。之後再依照作品形狀分類，小心保管。另外，也可以把作品拍下來，用照片方式保存。

小朋友作品的【輕鬆家事管理法】

STEP 1
保管的數量限制是一個紙箱的容量，超過了就丟掉。

STEP 2
依作品的形狀分類，分成四大類：①不太厚的大張圖畫紙（平面）；②不太厚的小張圖畫紙（平面）；③有點厚度的作品（立體）；④有厚度又占空間的作品（立體）。

STEP 3
根據作品的形狀選擇最適合的收納方式，準備：①沒有厚度的大袋子；②尺寸一致的封口塑膠袋（照片也可以一起放進去）；③使用空的衛生紙盒，就不怕壓到；④大小適合的紙箱。

STEP 4
作品數量限制在一個紙箱的容量。

該讓小朋友自己決定丟掉什麼東西嗎？

你是否曾經沒跟孩子商量就丟掉他的作品，之後被孩子生氣質問：「為什麼把我的東西丟掉？」但如果問孩子，他們通常都會說所有東西都不可以丟。這時候，可以讓孩子自己決定要丟的東西，這樣他們也比較會心服口服。

讓孩子心服口服的話術

讓孩子決定丟東西的祕訣在於問話的技巧。先讓孩子依照作品對自己的重要程度決定優先順序。

首先問孩子：「所有作品中，你最喜歡哪一個？」接著問：「第二喜歡哪一個？」就這樣慢慢排出優先順序。祕訣在於讓孩子挑出其中喜歡的作品。

不要使用「不要的作品」、「想丟掉的作品」等負面詞彙，而是問「喜歡哪一個？」或是「想玩哪一個？」等。另外，「你已經當哥哥了，想送哪一個玩具給比你小的小朋友玩？」等加強他們自尊心的問話方式也是一種方法。

另外，其實這種方式也適用於大人，東西太多時，可以用這方式決定要丟掉的東西。

1　這個！／你最喜歡哪一個？
2　這個！／最不喜歡哪一個？
3　決定好玩具的優先順序了。

煩惱 4

喜歡的DVD、CD和書越來越多，都沒有地方放了。

> 我們夫妻都很愛看電影看書。DVD、CD和書越堆越多，都沒有地方放了，但又捨不得丟掉，到底該如何收納才好？
>
> K太太（東京・三人家庭）

捨不得丟掉的東西，分類是關鍵。

說到分類，人們總會把物品分成「丟掉」和「保存」兩類。請先仔細想想「保存」的物品對自己的意義到底有多大，再思考該如何保存。

POINT 1　先從分類開始

不論是DVD、CD還是書，都先從分類開始。收納空間有限，決定好一個固定的空間，超出這個空間的東西應該丟掉，但丟掉自己喜歡的東西不是件容易的事。那些捨不得丟掉的東西，可以依照使用頻率和對自己的意義分成以下3類。

分類是重要的第一步。

① 正在使用（或看）的東西　經常使用（或看）的東西

② 不常使用（或者看）的東西，但希望放在可以欣賞的地方

③ 不使用（或看）的東西，但對自己有特殊意義，想要保存

POINT 2　分別收納在事先決定好的位置

Before　排列順序亂七八糟。

① **現在正在看的東西　經常看的東西** 
→ 放在容易拿取的地方。也可放在籃子裡當裝飾。
① 收納在事先決定好的固定位置。DVD和CD上方容易有些空間，但在上面堆東西看起來會很凌亂，所以不要在上面放東西。

② **雖然不看，但可以當裝飾欣賞的東西**
② 經常看的東西不要超過事先決定的數量。

③ **雖然不看，但希望可以收藏的東西** 
→ 裝箱後收納。

④ 明顯可以丟掉的東西就不要手軟。

After

※② 如果放下下，應該重新分類或考慮丟掉。想要保存的東西放到③的盒子裡。想要脫手的東西則可網拍、跳蚤市場拍賣，或者送人。

丟掉：
・網拍
・跳蚤市場
・送人

BOOK　書的排列方式

把經常使用的書放在最容易拿取的地方。不常看的書則可放到高處或角落。書的排列方式可依據書的大小、類別或使用頻率擺放。

1　書的收納方式也一樣。
2　首先將書分類。
3　有條不紊！（書的上面也不要再堆書。）

按大小排列
配合書的高度移動層板，可以增加書架的收納量。這種排列方式的缺點是書的類別不一，很難立刻找到想要的書。

按類別排列
雖然一目瞭然，但書架的收納量減少。另外，書本高低參差不齊也是缺點。

按使用頻率排列
雖然一目瞭然，容易變化，因此事前可以規定自己把書歸位時要往右放。

89

煩惱 5

衣櫃一下子就亂七八糟，有沒有什麼好用的收納法呢？

POINT 1
根據用途和形狀決定收納位置

衣櫃的收納首先要做的還是分類。分類好再決定最適合的收納位置。

① 按用途・使用頻率分類

經常穿的衣服、通勤穿的衣服、偶爾才穿的衣服等，按照衣服的用途分類。現在沒有再穿的衣服，又可以按非當季衣服、因喜好改變而不穿等理由分類。

② 按形狀分類

依照衣服的長短分類，就可以有效利用衣服下面的空間。

③ 決定哪些衣服要吊掛，哪些要摺起來

吊掛的衣服在拿取時非常方便。可以把常穿的衣服吊掛起來，其他衣服則可根據收納空間決定要掛還是要摺。

④ 常穿的衣服放在容易拿取的位置

如果使用的是雙門衣櫃，可以把常穿的衣服掛在中間，其他衣服掛在兩旁。另外，可以設置一個臨時區，專門擺放睡衣等每天都會穿的衣服，以及已經穿過但可能還會再穿的衣服。

⑤ 增加拿取方便

在衣櫃上方的收納盒加裝把手等，只要一點巧思，拿取更方便。

Before

After

- 常穿的衣服放在衣櫃中央。
- 其他衣服放在兩旁。
- 放一個籃子，專門擺放穿過但可能還會再穿的衣服。
- 利用整理盒，將很難收整齊的布類、披肩、手套等季節性衣物摺好放進去收納。
- 當季的圍巾也可以掛起來，方便使用。
- 依照衣服長短排列，就可有效利用下面空間。

我很喜歡流行服飾。沒有決定擺放位置，所有衣服都任意擺放。因此，衣櫃中不常穿的衣服和常穿的衣服全部混在一起，使用起來很不方便。

K太太（東京・三人家庭）

只要一點巧思，衣櫃使用起來就很方便

衣櫃上方使用整理盒收納時，可在底部串上繩子，方便拿取。

1 我也試試看。

2 準備堅固的繩子。

3 組裝盒子時，繩子固定在其中一邊。

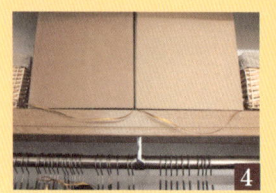

4 大功告成！簡單一條繩子，方便拿取整理盒。

煩惱 6

棉被、寢具等每天都要收到櫃子裡，有沒有方便拿取又有效率的收納方式？

每天都要使用的棉被，收納輕鬆，方便拿取

依照使用頻率決定棉被的擺放位置。上方是最容易拿取的位置。另外，櫃子兩邊只要把門打開，很容易就可以拿取。收納時除了收納量之外，考慮使用方便也是重要的關鍵。

▶ 每天使用的棉被，櫃子放不下，而堆在房間角落，很多人都因為這樣。

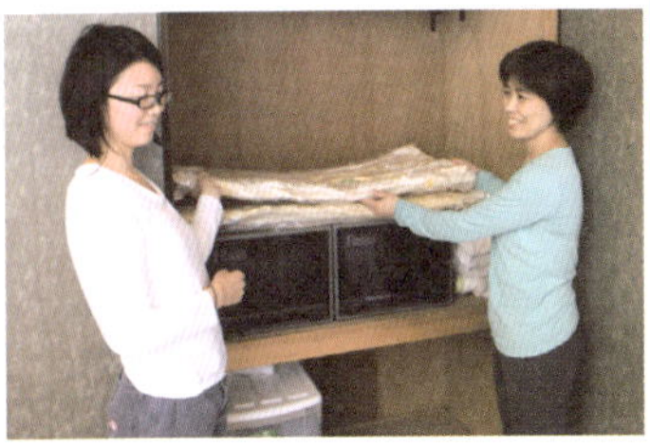

▲ 只要上下方各放幾個整理盒，就可以有效利用多出來的空間。

▲ 放在櫃子裡的客用棉被。上端和旁邊的空間還可加以利用。

Before / **After**

- 平常使用的棉被可以放到容易拿取的上方位置。
- 現在沒有使用的非當季棉被放到壓縮袋收納。
- 兩旁的空間，可以把被單捲起來放入。枕頭也可以塞在這裡。
- 下方放不常使用的東西。（別忘記偶爾把這些不常使用的棉被拿出去曬！）

◀ 平常使用的棉被可以放到容易拿取的上方位置。客用棉被則放到下方位置。

家裡有兩組客用棉被，加上家人平常使用的棉被，櫃子都快塞不下。其實櫃子還有空間，只要善用兩旁的空間，東西應該可以收得乾乾淨淨才對。雖然櫃子沒有很大，但只要善用兩旁的空間，收納量立刻倍增。

T太太（東京・四人家庭）

棉被收拾好了！

捲棉被的方法
平常沒使用的被子可以捲好，用繩子綁起來。

1. 一邊壓縮一邊捲。
2. 用繩子綁起來。 
3. 完成！

Part 8 方便好用的工具

了解每個工具的特色，配合使用目的選擇最適合的工具

選擇工具前先考慮工具的優缺點

便利工具可以讓家事更輕鬆。市面上有各式各樣的便利工具，了解每個工具的特色是件很重要的事，不但可以減少「根本派不上用場」的情況，也可以將工具的功能發揮到最大，輕鬆收納。

推薦的工具 衣

① 女性圓形衣架（MAWA 衣架）

善用機能型衣架，讓家事輕鬆並節省空間

德國製圓形衣架最大特色在於造型簡單且機能強大。特殊的加工讓衣服不易滑落，就算是領口大的衣服也可以吊掛。另外，圓滑的衣架造型不會在衣服肩膀部分留下掛痕，吊掛T恤或毛衣，也不用擔心衣服變形。

> 表面經過特殊加工，可以直接吊掛剛洗好的濕衣服，讓家事更輕鬆。擁有強大的防滑落功能，因此也許不適合習慣把衣服從衣架上拉扯下來的人。另外，收納衣架時比較容易打結。

尺寸：【36】H19.5×W36.5×D1.0cm 【40】H22.5×W40.5×D1.0cm
價格：3 個 1,050 元日幣（含稅）

② 褲子曬衣架（MAWA 衣架）

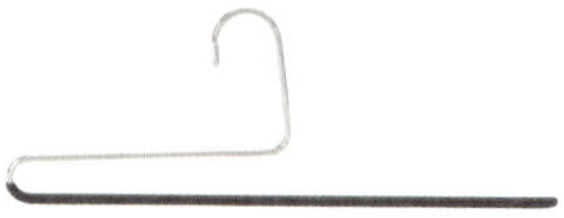

也可以用來掛披肩或圍巾

這個褲子曬衣架的一端為開放式設計，拿取時非常方便。特殊的防滑落加工，衣服不易滑落，吊掛披肩或圍巾也十分方便。掛勾的部分較長，因此衣櫃吊桿與衣櫃頂端之間必須有段距離，才有辦法使用。

尺寸：H12.5×W35.0×D0.8cm
價格：420 日幣（含稅）
請洽：山秀（代理商）（※①、②同）
東京都大田區西 谷 1-14-6
Tel. 03-6715-1721
http://www.sansyu-corp.jp/

③ 收納箱（Fits Unit 系列）

長久使用的收納箱應先考慮實用性

一般人選購收納箱多半會選擇便宜的收納箱。然而，實際使用後總會發現，收納箱一經堆疊，因為過重，導致下面的收納箱變形，收屜打不開等，令人後悔買了便宜的收納箱。考量要長久使用，建議選擇價錢有點貴，但堅固好用的收納箱。

> 內建鋁箔補強板來加強箱子的彈性，非常耐重，很適合堆疊起來收納。抽屜的重量只有以往的1/7，就算擺放許多衣服，抽屜也可輕鬆拉出來。視自己的經濟能力，選擇可以長久使用的收納箱吧。

尺寸：適合放進衣櫃使用。
共有 9 種深度 55cm 的收納箱尺寸。
另外也有深度 74cm 的收納箱。

右圖是
【Fits Unit 收納箱 3520】
W35×D55×H20cm
【Fits Unit 收納箱 4025】
W40×D55×H25cm
價格：可議價
請洽：天馬株式會社
東京都北區赤羽 1-63-6
Tel. 03-3598-5512
http://www.tenmacorp.co.jp

④ 細長型洗衣籃（Café Style）

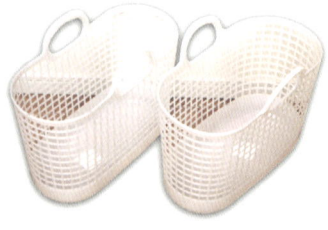

實用的橢圓形洗衣籃

洗衣籃很占空間，但只要選擇窄身的洗衣籃就可以節省許多空間。可以使用多個洗衣籃，將衣服依照顏色或材質分類。高級衣物在洗滌前只要摺好放入這種洗衣籃，就不用擔心衣服會皺掉。衣服洗好後，單手就可以提起洗衣籃，非常方便。

▲不用的時候可以疊起來。

尺寸：W480×D270×H368mm　價格：1,103 日幣（含稅）
請洽：株式會社 吉川國工業所奈良縣葛城市加守 646-2
Tel. 0745-77-3223　http://www.yoshikawakuni.co.jp/

⑤ 心型門框專用夾

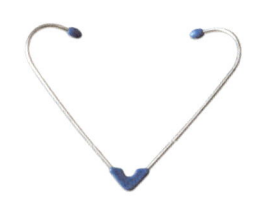

可以夾在門框或窗框上當作曬衣的鉤子

夾在門框或窗框上，衣服就可曬在室內，下雨天也不怕。最大的特色是設計簡單，取用方便。不使用的時候就算不取下來，也不顯眼。體積小，收納也很方便。有些門框並不適用，購買前須特別留意，得有 1cm 以上的空間才能使用。

尺寸：寬約 16cm
耐重：4kg
價格：525 日幣（含稅）
請洽：Daiya Corporation
Tel. 03-3381-5454
http://www.daiya-idea.co.jp/

② 橢圓形洗碗盆（有腳）

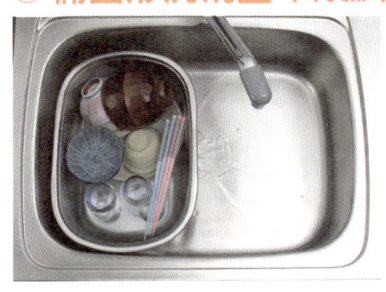

▲這是另外販賣的 D 型洗碗籃，有了這個籃子，瀝乾蔬菜或碗盤的水都非常方便，是家事好幫手。

【D 型洗碗籃】
尺寸：W220×D410×H50mm
價格：2,940 日幣（含稅）

世界首創！大小剛好可以放進洗碗槽的不銹鋼洗碗盆

大小剛好與洗碗槽相符，可以有效利用流理台的空間。可以準備兩個，一個用來浸泡碗盤，一個用來清洗。洗碗盆下面有四個腳，不用擔心會塞住排水孔。

> 洗碗盆內有排水孔，不用擔心水會滿出來。另外，排水孔的大小適中，筷子等東西也不會流出去。不銹鋼材質，污垢較不容易附著。

尺寸：W375×D260×H135mm　價格：2,980 日幣（含稅）
請洽：新越金網株式會社　東京都千代田區九段南 4-3-13（東京營業所）
Tel. 03-3264-8312　http://www.shinetsu-kanaami.co.jp/

① 流理台下的伸縮架

適合下面有水管的流理台或水槽

伸縮架可以改變長度，最大的特色在於，就算流理台下面有水管也可以使用。可以放兩層夾板，創造出三段空間放東西。

> 很多人會把層板放在架子的最上層，但依照擺放的物品高度調整層板位置才是聰明做法。另外，長度也不見得要拉到最大，留下部分空間擺放高度高的物品也是一種選擇。組裝時，請在流理台下，避開水管組裝。

尺寸：W500-750×D303×H398mm　※ 長度可以調整
價格：請洽代理商　請洽：株式會社伸晃 Belca 事業部
大阪府東大阪市角田 2-4-21　Tel. 072-963-7881　http://www.shinko-inc.co.jp

推薦的工具
食

④ 4way 沙拉脫水器

設計簡單，衛生又好用

也可當作濾水籃或盆子使用，凹凸面和籃子的縫隙小，使用後的清洗也非常方便，蓋子可以拆下來清洗。底部有突起物，籃子不會直接觸碰到桌面，清潔又衛生。

> 蓋子上面附有把手，輕輕鬆鬆就可以脫水。盆子為不銹鋼材質，設計簡單，也可以當作食器使用。

尺寸：W242×D217×H150mm　價格：2,940 日幣（含稅）
請洽：KEYUCA 新宿三越 Alcott 店（※ ③、④同）
東京都新宿區新宿 3-29-1 新宿三越 Alcott 5 樓　Tel. 03-5369-1651

③ Pico 毛巾架

裝置方便，簡單漂亮的毛巾架

可以在流理台邊，利用附屬的六角架簡單裝置。設計簡單，什麼樣的廚房都適用。毛巾架裝在與櫃子門同高的位置，這樣不用彎腰就可以擦手。櫃子門的厚度必須在 0.9cm 以上〜2.5cm 以下，寬度在 18.6cm 以上（【30】尺寸需要 33.6cm 以上的長度），才有足夠空間可以裝置。不適用於有軌道的門，請特別注意。

15 和 30 兩種尺寸（上圖是 30 尺寸）。
【15】尺寸：W186×D47×H46mm　價格：1,890 日幣（含稅）
【30】尺寸：W336×D47×H46mm　價格：2,415 日幣（含稅）

COLUMN 工具的選擇

再好的商品都有優缺點。購買前詳細了解商品的形狀、好不好用、價格、設計、耐久性等，配合自己的生活習慣、個性，仔細思考自己最重視的是哪一點，選擇商品才不容易後悔。

可以收藏的簡單設計、實用性高、可以長久使用、放進希望收納的空間等，明確設定自己的目的後再購買，就可以買到最適合自己的工具。

① Simple Unit 垃圾桶

不占空間的
四方形垃圾桶

四方形垃圾桶可以輕鬆收納在房間角落或桌子底下，不占空間。

> 最小的尺寸適合放乾電池。垃圾桶基本上是配合紙的大小設計，因此也可以當作裝紙的盒子，或是專門收納紙袋的箱子。

尺寸：【L】W155×D330×H380mm
【M】W96×D330×H380mm
【S】W96×D230×H380mm
【Pocket】W96×D86×H53mm
價格：請洽代理商
請洽：岩崎工業株式會社
　　　奈良縣大和郡山市額田部北町 1216-5
　　　Tel. 0743-56-1311

推薦的工具
住

---

③ Smart 廁所刷

輕盈時尚的廁所刷

體積輕盈且設計簡單的這款廁所刷，榮獲 Good Design 獎。廁所刷不會碰到盒子底部，非常衛生。扇形的刷子與馬桶邊緣吻合，機能性十足，打掃起來非常方便。

尺寸：W368×D168×H72mm
價格：1,575 日幣（含稅）
請洽：株式會社 Marna（※③、④同）
　　　東京都墨田區東駒形 1-3-15
　　　Tel. 03-3829-1111　http://www.marna-inc.co.jp/ja/

---

② fitia 滾筒式沾黏拖把

設計簡單，
就算放在外面也很美觀

可以隨手使用的滾筒式沾黏拖把。這款滾筒式沾黏拖把榮獲 Good design 獎，就算放在客廳也很美觀，隨時都可以拿出來使用。

> 單手就可以使用，放到箱子裡直立收納，實用又方便。

尺寸：約 W193×D74×H261mm
價格：1,800 日幣（含稅）

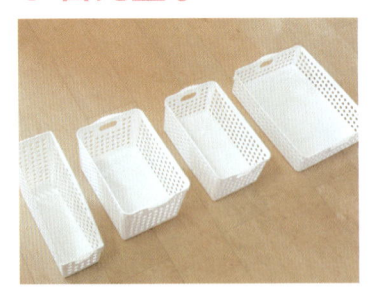

---

⑤ 百元籃子

聰明使用百元商店的籃子
讓每個籃子發揮最大作用

百元商店賣的籃子種類豐富。好用的籃子如上圖所示，顏色簡單，側邊與底邊近乎直角，使用起來很方便。選用白色籃子，放在在洗臉台、廚房或客廳等地方都不會太突兀。依照自己的需求和收納的物品，選擇適當大小和形狀的籃子使用。

---

④ 各種尺寸的夾鏈袋

準備各種尺寸夾鏈袋
是當收納達人的捷徑

很多人以為夾鏈袋是廚房用品，用來保存食物，其實它也可收納化妝品試用包等小東西，非常方便。

> 本書前面有介紹，小朋友的作品也可以放到夾鏈袋收納。夾鏈袋的大小從 B6 到 A3 都有，在百元商店就可買到，建議不妨買來使用看看。使用時可以封口，也可對摺不封口。

像是這樣

94

③ 紙箱檔案盒
5 個一組

組合式 A4 檔案盒
有急用時很方便

組裝式檔案盒不占空間，可以多買幾個備用。遇到臨時有客人來訪的突發狀況，可以立即組裝起來把書籍雜誌收納整齊。

尺寸：W 約 10×D32×H24cm（外盒）
價格：714 日幣（含稅）
請洽：無印良品池袋西武（※②、③同）
　　　東京都豐島區南池袋 1-28-1
　　　西武池袋本店別館 1-2F
　　　Tel. 03-3989-1171

② 聚丙烯材質檔案盒
標準型

收納各種生活雜貨

原本用來收納書籍，但也適合收納各種生活雜貨用品。

也可放到流理台或瓦斯爐下的雙門櫃內，裝調味料或洗潔劑等。也可以放到抽屜式櫃子，當作收納平底鍋的工具。或者放在書桌附近，整理好電線放進去收納。缺點是不使用時無法折疊起來收納。

尺寸：W 約 10×D32×H24mm（外盒）
價格：578 日幣（含稅）

① Life Module A4 檔案盒
2 個一組

推薦的工具 其他

2 個一組的檔案盒，
使用起來非常方便

直放或橫放都可以，收納書和雜誌等紙類。前方是中空的，拿取很方便。放在書架上容易倒的書和繪本，可以先放進檔案盒收納。另外，就算收納得很凌亂，只要把盒子轉過來，書架一下就變整齊了。

尺寸：【L】W77×D253×H307mm
　　　【S】W72×D253×H307mm　價格：892 日幣（含稅）
請洽：株式會社吉川國工業所　奈良縣葛城市加守 646-2
　　　Tel. 0745-77-3223　http://www.yoshikawakuni.co.jp/

---

⑤ 便利貼工作索引

家事輕鬆收納的祕訣
「標籤」讓家事更輕鬆

每樣東西在收納前先貼上標籤，是讓家事更輕鬆的祕訣。市面上有賣標籤紙，但文件類可以用便利貼當作標籤和索引。便利貼的特色在於紙面大，方便書寫。另外，塑膠材質的便利貼耐久性高，適合用在經常拿取的東西。常使用的東西一定要貼上標籤，例如食譜書，可以用便利貼貼在經常翻閱的那一頁做記號，下次翻閱就很方便。

尺寸 & 價格：
44×23mm　336 日幣　　44×50mm　315 日幣
請洽：住友 3M 株式會社
　　　東京都世田谷區玉川台 2-33-1　Tel. 0120-510-333
　　　營業時間：9:00 – 17:00，週一至週五　http://www.mmm.co.jp/office/index.html

⑥ 電線收納盒

所有電線都可以
收得清清爽爽

只要有這個電線收納盒，就可以把桌子下方、電腦附近及電視後面的電線收納乾淨。左右兩邊的孔可讓電線穿過，也是防止內部溫度過高的通風孔。盒子屬於不易燃的樹脂和耐衝擊的聚苯乙烯材質，安全性高。設計上也有顧慮小朋友安全。

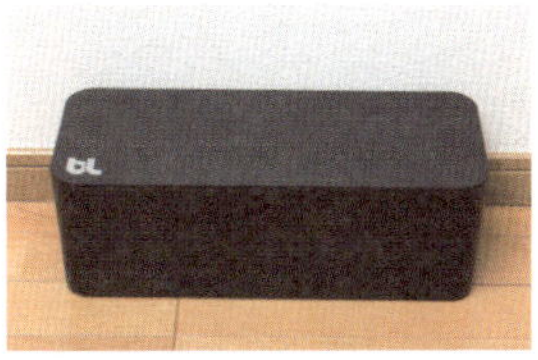

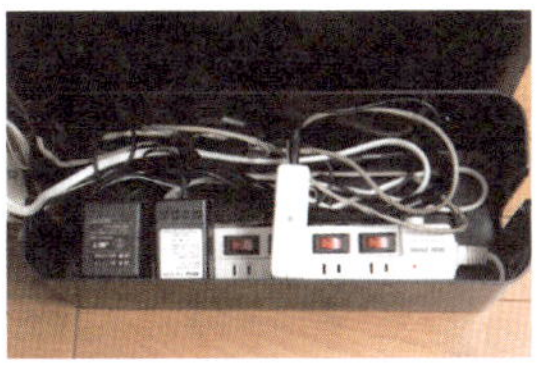

●〔標準型〕尺寸：W398×D154×H134mm
●〔迷你型〕尺寸：W24×D120×H130mm
價格：請洽代理商
請洽：Trinity 株式會社　埼玉縣新座市東北 2-14-17
　　　Tel. 048-299-3433　http://www.trinity.jp

④ Skitman 說明書專用活頁夾

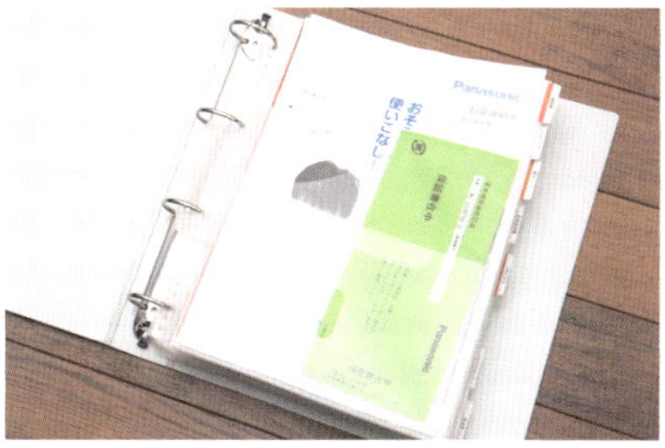

輕輕鬆鬆就可以追加
或更換活頁位置
4 孔活頁夾可以收納大量說明書

4 孔活頁夾可以隨時追加或更換說明書的位置，使用起來非常方便。每個活頁底部都有一定的寬度，方便放較厚的說明書。每個活頁都成一個斜角，方便拿取說明書。另外還附有口袋，可以放 CD-ROM。也可以把保證書、修理單等放到口袋裡，方便管理。

也可以只買活頁使用

除了專用檔案夾外，其實也可以只買活頁裝在手邊的 2 孔檔案夾裡使用。或是不用檔案夾，直接將裝有說明書的活頁放到檔案盒裡收納。這種做法可以省下拿出檔案夾、說明書，用完放回去再收好檔案夾的一連串動作。在活頁上貼上索引標籤，使用起來更方便。

A4 直型、A5 直型，各有 2 種不同厚度的檔案夾，共 4 種。
● A5 直型，附 12 頁活頁（最多可放 20 頁）
尺寸：H225×W225×D57mm　價格：1,050 日幣（含稅）
● A4 直型，附 16 頁活頁（最多可放 28 頁）
尺寸：H316×W290×D57mm　價格：1,365 日幣（含稅）
請洽：株式會社 King Jim　東京都千代田區東神田 2-10-18
　　　Tel. 0120-79-8107（客服中心）
　　　http://www.kingjim.co.jp/

＊以上是 2011 年 3 月的資訊，內容可能有變。

家事好輕鬆

收納・採買・烹飪・打掃的最新終極技巧，超強圖解，一看就會！

作　　者	本多弘美
譯　　者	陳心慧
主　　編	曹　慧
美術編輯	比比司設計工作室
行銷企畫	陳麗雯
社　　長	郭重興
發行人兼 出版總監	曾大福
總 編 輯	徐慶雯
編輯出版	繆思出版 E-mail：m.muses@bookrep.com.tw
發　　行	遠足文化事業股份有限公司 http://www.bookrep.com.tw 23141 新北市新店區民權路 108-3 號 6 樓 客服專線：0800-221029　傳真：(02) 86671065 郵撥帳號：19504465　戶名：遠足文化事業股份有限公司
法律顧問	華洋法律事務所　蘇文生律師
印　　製	成陽印刷股份有限公司
初版一刷	2013 年 1 月
初版六刷	2013 年 4 月 17 日
定　　價	250 元

〔版權所有・翻印必究〕缺頁或破損請寄回更換

HONDA HIROMI NO RAKURAKU SHUNO-JYUTSU by Hiromi Honda
Copyright © Hiromi Honda 2011 © TATSUMI PUBLISHING CO., LTD. 2011
All rights reserved.
Original Japanese edition published by Tatsumi Publishing Co., Ltd.
This Traditional Chinese language edition is published by arrangement with Tatsumi Publishing Co., Ltd.,
Tokyo in care of Tuttle-Mori Agency, Inc., Tokyo
through Bardon-Chinese Media Agency, Taipei
Chinese translation copyright © 2013 by Muses Publishing
ALL RIGHTS RESERVED.

國家圖書館出版品預行編目資料

家事好輕鬆：收納・採買・烹飪・打掃的最新終極技巧，超強圖解，一看就會！/
本多弘美著；陳心慧譯. -- 初版. -- 新北市：繆思出版：遠足文化發行, 2013.1
　面；　公分. -- (Living；6) 譯目：本多弘美のラクラク收納術

ISBN 978-986-6026-35-5(平裝)

1.家政 2.手冊

420.26　　　　　　　　　　　　　　　101025493